新手学

电脑选购、组装与故障排除

超简单

蒋杰◎编著

中国铁道出版社有限公司
CHINA RAILWAY PUBLISHING HOUSE CO., LTD.

内 容 简 介

本书以实际操作为主，以理论知识为辅，力求用简练的语言、清晰的分析和详尽的步骤，让读者快速学会电脑选购、组装与故障排除的方法与技巧。

全书共 11 章，包括电脑基础快速入门、手把手教你选电脑、动手组装第一台电脑、安装与配置操作系统、电脑维护的基础知识、硬件管理与检测、电脑网络维护、软件管理与系统优化、常见的硬件故障排除、常见的网络故障排除以及快速解决操作系统与软件故障等内容。

本书主要定位于希望快速掌握电脑各方面的知识，特别是电脑硬件的组装、日常维护以及故障排除的学生、家庭用户以及办公人员。此外，本书也可作为各大、中专院校及各类电脑培训班的教材或学习辅导书。

图书在版编目（CIP）数据

新手学电脑选购、组装与故障排除超简单 / 蒋杰编著 .—北京：中国铁道出版社，2019.3（2022.1 重印）

ISBN 978-7-113-25437-7

Ⅰ . ①新… Ⅱ . ①蒋… Ⅲ . ①电子计算机－选购②电子计算机－组装③电子计算机－故障修复 Ⅳ . ① TP3

中国版本图书馆 CIP 数据核字（2019）第 022258 号

书　　名：**新手学电脑选购、组装与故障排除超简单**
作　　者：蒋　杰

责任编辑：张亚慧　　编辑部电话：(010)51873035　　邮箱：lampard@vip.163.com
封面设计：MXK DESIGN STUDIO
责任印制：赵星辰

出版发行：中国铁道出版社有限公司（100054，北京市西城区右安门西街 8 号）
印　　刷：佳兴达印刷（天津）有限公司
版　　次：2019 年 3 月第 1 版　2022 年 1 月第 2 次印刷
开　　本：700 mm×1 000 mm　1/16　印张：17.25　字数：319 千
书　　号：ISBN 978-7-113-25437-7
定　　价：55.00 元

前言
PREFACE

在当前这个信息化高速发展的时代，电脑已成为人们生活与工作中的必需品，熟练操作电脑已经成为当今社会各年龄层次的人群都需要掌握的技能。

电脑是由多个部件组成的设备，需要定期维护才能拥有稳定的性能，需要排除故障才能发挥正常的作用。很多电脑用户能够熟练使用电脑进行休闲娱乐、日常办公等操作，但是不懂得维护电脑。电脑在使用一段时间后，性能就会慢慢地降低，甚至出现故障，而用户并不清楚这些故障产生的原因，更不知道应该如何去排除故障，从而影响正常的生活体验与工作效率。

针对这些情况，我们特别编写了本书，希望以简单、直观的方式让读者快速学会电脑选购、组装与故障排除的相关技巧。

本书内容

本书共11章内容，主要从认识电脑的基础知识、电脑的选购与组装、系统安装与维护以及常见的故障排除这4个方面，全方位地对新手学电脑选购、组装与故障排除需要做的事情进行了详细讲解，具体内容安排如下表所示。

认识电脑的基础知识	第 1 章　电脑基础快速入门
电脑的选购与组装	第 2 章　手把手教你选电脑
	第 3 章　动手组装第一台电脑
系统安装与维护	第 4 章　安装与配置操作系统
	第 5 章　电脑维护的基础知识
	第 6 章　硬件管理与检测
	第 7 章　电脑网络维护
	第 8 章　软件管理与系统优化
常见的故障排除	第 9 章　常见的硬件故障排除
	第 10 章　常见的网络故障排除
	第 11 章　快速解决操作系统与软件故障

本书特点

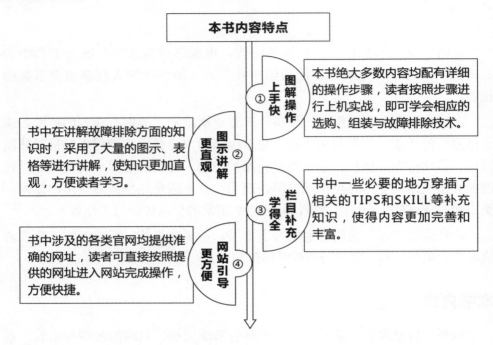

本书读者

　　本书主要定位于希望快速掌握电脑各方面的知识，特别是电脑硬件的组装、日常维护以及故障排除的学生、家庭用户以及办公人员。此外，本书也可作为各大、中专院校及各类电脑培训班的教材或学习辅导书。

编　者

2018年12月

目录
CONTENTS

电脑基础快速入门

学习目标

目前，电脑已经成为人们生活与工作中必不可少的一部分。大多数用户在使用电脑的过程中，仅限于一些常用软件的操作。想要对电脑硬件进行更深层次的了解，首先需要掌握电脑的基础知识，如电脑硬件系统的组成、电脑软件系统的组成以及多核电脑的配置方式等。

知识要点

- 内部硬件组成
- 外部设备组成
- 操作系统软件
- 多核电脑配置原则
- 品牌机与组装机的对比选择

......

1.1 电脑硬件系统的基本组成

现在的年轻人都会使用电脑，但很多人只知道使用电脑购物、交流、学习或打游戏等，对于电脑的组成却几乎一无所知。其实，我们在使用电脑时应该了解关于电脑的组成，这样可以更好地使用和维护电脑。电脑硬件系统很简单，就是用手能摸得到的真实存在的部分，主要分为两部分，即内部硬件和外部设备。

1.1.1 内部硬件组成

简单来说，电脑内部硬件就是指主机箱内的设备，主要包括CPU、主板、电源、硬盘、内存条、显卡和光驱等核心部件，如图1-1所示为某电脑主机箱内的基本硬件组成。

图1-1

● **CPU**：CPU（Central Processing Unit）的中文名称为"中央处理器"，是一块超大规模的集成电路，是电脑的运算核心和控制核心。可以说，CPU是电脑的"大脑"，电脑运行过程中的所有命令都是由它发出的。目前，市场中常见的电脑CPU主要有两个品牌，分别是Inter和AMD，如图1-2所示。

图1-2

● **内存：** 内存（Memory）是电脑中重要的部件之一，是与CPU进行沟通的桥梁。由于电脑中所有程序的运行都在内存中进行，所以内存的性能对电脑的影响非常大。同时，内存也被称为内存储器，其作用是电脑运行过程中的数据中转站，负责从硬盘读取数据传送给CPU，并接受CPU处理后的数据传回给硬盘或其他设备。如图1-3所示分别为台式机内存条和笔记本内存条。

台式机内存条　　　　　　　　笔记本内存条

图1-3

● **硬盘：** 硬盘（Hard Disk Drive）是电脑主要的存储媒介之一，所有程序和文件都保存在硬盘中，在需要时读取到内存中运行。绝大多数硬盘都是固定硬盘，被永久性地密封固定在硬盘驱动器中。现在硬盘主要有机械硬盘（HDD 传统硬盘）和固态硬盘（SSD新式硬盘），如图1-4所示。

机械硬盘　　　　　　　　　　固态硬盘

图1-4

● **显卡：** 显卡（Video card，Graphics card）全称显示适配器，作为电脑主机里的一个重要组成部分，是电脑进行数模信号转换的设备，承担输出显示图形的任务。显卡接在电脑主板上，将电脑的数字信号转换成模拟信号让显示器显示出来，同时显卡还具有图像处理能力，协助CPU工作，提高整体的运行速度，对于从事专业图形设计的人来说显卡非常重要，如图1-5所示为独立显卡。

● **主板：** 主板又称为母板（Motherboard），安装在机箱内，是电脑最基本、最重要的部件之一。主板一般为矩形电路板，上面安装了组成电脑的主要电路系统，一般有BIOS芯片、I/O控制芯片、键和面板控制开关接口、指示灯插接件、扩充插槽、主板以及插卡的直流电源供电接插件等元件，如图1-6所示。

图1-5

图1-6

● **电源：** 电源是电脑系统的动力中心，主要为主机箱内所有设备供电（各部分的电压不完全相同），其功率大小和稳定性会影响整个电脑系统运行的稳定性，如图1-7所示。

● **机箱：** 机箱一般包括外壳、支架、面板上的各种开关和指示灯等，其作为电脑配件中的一部分，主要作用是放置和固定各电脑配件，起到一个承托和保护作用，如图1-8所示。

图1-7

图1-8

1.1.2　外部设备组成

　　除主机外的大部分硬件设备都可称作外部设备，简称外设。外设可以简单地理解为输入设备和输出设备，对数据和信息起着传输、转送和存储的作用，是电脑系统中的重要组成部分。常见的外部设备有显示器、鼠标、键盘以及麦克风等，下面就来认识一下这些外部设备。

● **显示器**：电脑显示器也被称为电脑监视器，是电脑系统中用于向用户提供信息处理结果的主要设备，如图1-9所示。对电脑系统进行的所有操作都需要在显示器上观看。目前，电脑显示器分为LED显示屏和液晶显示屏两大类。

● **光驱**：光驱是电脑用来读/写光碟内容的设备，也是在台式机和笔记本便携式电脑里比较常见的一个部件。随着多媒体的应用越来越广泛，使得光驱在电脑诸多配件中已经成为标准配置，如图1-10所示。

图1-9   图1-10

● **键盘**：键盘是最常用也是最主要的输入设备之一，用户通过键盘可以将英文字母、数字和标点符号等输入电脑中，从而向电脑发出命令、输入数据等，如图1-11所示。

● **鼠标**：鼠标（Mouse）是电脑的一种输入设备，也是电脑显示系统纵横坐标定位的指示器，因形似老鼠而得名。鼠标的使用是为了使电脑的操作更加简便快捷，从而代替键盘烦琐的指令，如图1-12所示。

图1-11   图1-12

● **音箱**：电脑音箱，顾名思义是连接电脑用的，有的也可以用来连接手机、

MP4等其他播放设备使用。很多蓝牙音箱、插卡音箱等加了外接输入后就可以作为连体式便携电脑音箱，这种音箱在市场上很受欢迎，如图1-13所示。

● **麦克风：** 麦克风，学名为传声器，电脑主要的音频输入设备，主要用于将声波信号转换为电信号供电脑处理，如图1-14所示。

图1-13

图1-14

1.2 电脑软件系统的基本组成

电脑软件（Software）是指电脑系统中的程序及其文档，程序是计算任务的处理对象和处理规则的描述，而文档则是为便于了解程序所需的阐明性资料。软件是用户与硬件之间的接口界面，用户主要是通过软件与电脑进行交流。其中，电脑软件系统主要包括操作系统软件、驱动程序和应用软件3个部分。

1.2.1 操作系统软件

操作系统（Operating System，简称OS）是管理和控制电脑硬件与软件资源的电脑程序，是直接运行在"裸机"上的最基本的系统软件，而其他任何软件都必须在操作系统的基础上运行。

操作系统不仅是用户和电脑的接口，还是电脑硬件和其他软件的接口。其功能较多，主要包括管理电脑系统的硬件和软件及数据资源、控制程序运行、改善人机界面、为其他应用软件提供支持、让电脑系统所有资源最大限度地发挥作用、提供各种形式的用户界面、使用户有一个好的工作环境以及为其他软件的开发提供必要的服务和相应的接口等。

说到电脑的操作系统，大家可能首先想到的是Windows系列的操作系统。其实，Windows系列的操作系统只是众多操作系统中的一部分，市场中还有许多类型的操作系统，具体介绍如下。

1.Windows操作系统

Microsoft Windows是美国微软公司研发的一套操作系统，出现的时间为1985年。起初，Windows只是Microsoft-DOS模拟环境，后续的操作系统版本不断更新升级，因其简单易用的性能，逐步成为大众最喜爱的操作系统，占有量位居世界第一，达到了90%以上。

Windows采用了图形化模式GUI，比起从前的指令操作系统，如DOS，更为人性化。随着硬件和软件的不断升级，Windows也在不断升级，从架构的16位、32位到64位，系统版本从最初的Windows 1.0到目前的Windows 10 操作系统。如图1-15所示为Windows 7和Windows 10操作系统的图标展示。

图1-15

2.Mac OS操作系统

Mac OS是一套运行于苹果Macintosh系列电脑上的操作系统，由苹果公司自行开发，它是首个在商用领域成功的图形用户界面操作系统。当前，Mac OS的市场占有率为5%，主要为苹果公司旗下的电脑操作系统。

Mac系统是基于Unix内核的图形化操作系统，通常在普通电脑上无法安装该操作系统。目前，该操作系统的最新版本为OS X 10.13，这是Mac电脑诞生15年来最大的变化。该系统非常可靠，其许多特点和服务都体现了苹果公司的发展与服务理念。

另外，网络中的电脑病毒几乎都是针对Windows操作系统，由于Mac的架构与Windows不同，所以很少受到病毒的袭击。Mac OS X操作系统界面非常独特，突出了形象的图标和人机对话。2018年3月30日，苹果推送了Mac OS High Sierra 10.13.4正式版，新版本增强了对外接eGPU的支持，还新增了此前iMac Pro专属的墨水云墙纸。

虽然Windows操作系统占有大量的市场份额，但是Mac OS操作系统也具有自己独特的优势，具体介绍如图1-16所示。

全屏模式

全屏模式是Mac OS操作系统中最为重要的功能，所有应用程序都可以在全屏模式下运行。这种用户界面极大简化了电脑的使用，减少多个窗口带来的困扰，也将使用户获得与iPhone、iPod touch和iPad用户相同的体验，从而帮助用户更为有效地处理任务。

任务控制

任务控制整合了Dock和控制面板，可以以窗口和全屏模式查看各种应用。

快速启动面板

快速启动面板的工作方式与iPad完全相同，以类似于iPad的用户界面显示电脑中安装的所有应用程序，并通过App Store进行管理。用户可以直接拖动鼠标，在多个应用程序图标界面间切换。

应用商店

任务Mac App Store的工作方式与iOS系统的App Store相同，它们具有相同的导航栏和管理方式。也就是说，用户不用对应用程序进行管理。当用户从应用商店中购买一个应用后，电脑会自动将它安装到快速启动面板中。

图1-16

3.Linux操作系统

Linux操作系统诞生于1991年10月5日，是一个基于POSIX和Unix的多用户、多任务、支持多线程和多CPU的操作系统。能运行主要的Unix工具软件、应用程序和网络协议，支持32位和64位硬件，继承了Unix以网络为核心的设计思想，是一个性能稳定、免费使用和自由传播的多用户网络操作系统。

Linux存在着许多不同的版本，但它们都使用了Linux内核。另外，Linux操作系统可以安装在各种硬件配置的设置中，如手机、平板电脑以及台式电脑等。Linux操作系统受到众多人喜爱，主要是因为其具有如表1-1所示的优势。

表 1-1　Linux 操作系统的优势

特点名称	详解
基本思想	Linux 主要具备两点基本思路：一是一切都是文件，也就是说系统中的所有内容都归结为一个文件，如命令、硬件和软件、操作系统以及进程等；二是每个应用程序都有确定的用途
完全免费	Linux 是一款免费的操作系统，用户可以通过网络或其他途径免费获得，并可以任意修改其源代码，这是其他操作系统都做不到的
兼容 POSIX 1.0 标准	在 Linux 操作系统中，通过相应的模拟器可以运行 DOS、Windows 系统中的常见程序，为用户从 Windows 系统转到 Linux 系统中奠定了基础

续表

特点名称	详解
多用户、多任务	多用户是指各个用户对于自己的文件设备有自己特殊的权利，保证了各用户之间互不影响；多任务是现在电脑的一个重要特点，即 Linux 可以使多个程序同时并独立地运行
支持多种平台	Linux 可以运行在多种硬件平台上，如具有 x86、680x0、SPARC、Alpha 等处理器的平台。此外，Linux 还是一种嵌入式操作系统，还支持多处理器技术，使系统性能大大提高

1.2.2 驱动程序

　　驱动程序就是指设备驱动程序（Device driver），是一种可以使电脑和设备通信的特殊程序。简单来说，类似于硬件的接口，操作系统只有通过这个接口，才能控制硬件设备的工作。例如，在电脑上插入USB鼠标时，出现了相关提示说明某设备的驱动程序未能正确安装，便不能正常工作。

　　正是因为这样，驱动程序在操作系统中的地位就显得尤为重要。一般情况下，电脑的操作系统安装完成后，就需要对硬件设备的驱动程序进行安装。不过，用户并不需要安装所有硬件设备的驱动程序，如硬盘、显示器以及光驱等就不需要单独进行安装，因为在安装操作系统时会对这些设备的驱动进行自动安装；而鼠标、扫描仪以及摄像头等就需要安装驱动程序，不过现在操作系统都比较智能化，只需要将相关设备与电脑连接，操作系统就会自动识别设备并对其驱动进行安装。

　　在操作系统安装完成后，可能存在某个设备不能正常使用的情况，此时可以通过设备管理器功能来进行查看，具体操作是：❶在桌面的"计算机"图标上右击，❷在弹出的快捷菜单中选择"设备管理器"命令，即可打开"设备管理器"对话框，在其中就能对设备驱动的安装进行查看，如图1-17所示。

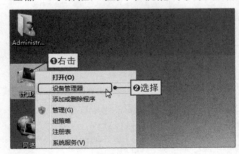

图1-17

1.2.3 应用软件

与操作系统相对应的软件就是应用软件（Application Software），它是用户可以使用的各种程序设计语言以及用各种程序设计语言编制的应用程序的集合，分为应用软件包和用户程序。其中，应用软件包是利用计算机解决某类问题而设计的程序的集合，可以多个用户同时使用。

应用软件是为满足用户不同领域、不同问题的应用需求而提供的软件，其拓宽了电脑系统的应用领域，使硬件功能得到延伸。如图1-18所示为一些常用的应用软件。

网页浏览	聊天工具	网络电视	杀毒软件	办公软件
360安全浏览器	QQ	爱奇艺	360杀毒	有道云笔记
谷歌浏览器	微信	PPTV	金山毒霸	印象笔记
QQ浏览器	TIM	优酷	百度卫士	365日历
UC浏览器	YY语音	风行	电脑管家	Acrobat
字体输入	**驱动管理**	**视频播放**	**音乐播放**	**手机管理**
搜狗输入法	360驱动大师	暴风影音	QQ音乐	应用宝
QQ输入法	万能驱动助理	腾讯视频	网易云音乐	XY苹果助手
万能五笔	驱动人生	百度影音	酷我音乐	PP助手
极品五笔	驱动精灵	影音先锋	酷狗音乐	91助手
游戏工具	**图像处理**	**开发组件**	**压缩解压**	**系统模拟**
按键精灵	Photoshop	Visual Studio	好压	天天模拟器
LOL盒子	Coreldraw	Dreamweaver	7-Zip	腾讯手游助手
简单百宝箱	美图秀秀	PHP	快压	夜神模拟器
变速齿轮	光影魔术手	Java SE	WinRAR	逍遥模拟器

图1-18

1.3 多核电脑配置方式

想要配置出一台称心如意、性价比又高的电脑并不是一件容易的事情，这不仅要考虑到电脑各硬件设备的兼容性，还需要了解系统整体的优化情况，而这些也都离不开用户的具体需求，即购买电脑的具体用途。

1.3.1 多核电脑配置原则

许多用户对电脑组装都有一个错误的认识，即在购买电脑时选择性能高或是新出来的产品。其实，这样的电脑不一定适合自己，不仅浪费了不少资金，许多设备资源也没有使用到，从而造成资源的浪费。因此，用户在制作电脑配置方案时，可以参考以下几点选购原则。

● **购买电脑的最终目的：** 对于当前这个网络时代，拥有一台电脑并不是一件新鲜事或是较难的事情。并不是因为这样，我们就可以跟随大众购买电脑。在购买电脑之前首先需要想清楚，自己是否真的需要一台电脑，具体是哪方面的需要。因为用途不同的电脑所需的配置也不同，用户需要根据自己的需求进行量身定做，如家用办公选择普通配置，游戏发烧就选择高档配置等。

● **自身的资金状况：** 除了从用途判断自己的配置方案外，还需要确定资金是否允许购买高配置的电脑。因此，电脑购买配置方案的重要影响因素还有自身的资金状况。

● **资金消费的重点：** 如果用户的资金有限，那么就应该根据购买电脑的最终目的与自身的资金状况来确定资金消费的重点。例如，游戏电脑应该偏重于CPU、内存和显卡的选择，因为游戏电脑用户一般要求电脑的运行速度较快。

1.3.2 入门型用户电脑选购建议

对于入门型用户而言，他们并不需要较高的电脑配置，只要能运行常用软件即可。此类电脑的价格通常在2000元～4000元，其用途主要包括文字处理、上网、普通游戏、一般教学、网络学习以及日常办公等。

此时，用户就不需要选择过于高端的配置，如内存为2GB～4GB、显卡为集成显卡以及CPU为I3等。如表1-2所示为入门型用户电脑配置建议。

表 1-2　入门型用户的电脑配置建议

产品名称	产品型号
主板	Intel H110
CPU	Intel i3-7100
内存	4GB
硬盘	1TB 7200 转 / 分钟
显卡	集成显卡
光驱	无光驱
显示器	19.5 英寸套机
声卡	集成声卡
网卡	集成网卡
机箱、电源	套机（含电源）
鼠标、键盘	有线鼠标、有线键盘

1.3.3　大众型用户电脑选购建议

对于大众型用户而言，他们对电脑配置的要求较高。此类电脑的价格通常在4 000元～7 000元，其用途主要包括图形与图像基础设计、网页制作、编程设计、股票分析以及商务办公等。

此类型的电脑配置要比入门型电脑的配置高。如表1-3所示为大众型用户电脑配置建议。

表 1-3　大众型用户的电脑配置建议

产品名称	产品型号
主板	华硕 PRIME B250M-PLUS
CPU	Intel i5 7500
内存	8GB
硬盘	480G SSD
显卡	集影驰 GTX 1050 Ti 大将（显存 4G）
光驱	无光驱
显示器	AOC 23.6 英寸
声卡	集成声卡
网卡	集成网卡
机箱、电源	先马领秀 标准版、安钛克 VP 450P
鼠标、键盘	有线鼠标、有线键盘

1.3.4 专业型用户电脑选购建议

还有一类用户对电脑的配置要求非常高，这类用户就是专业型用户，他们主要是受专业工作的影响，需要高负载专业软件的使用场景，一般的电脑无法满足实际制图要求。此类电脑的价格通常在7 000元～12 000元，其用途主要包括3D动画、3D室内设计、大型3D游戏制作与测试、程序开发以及电子商务等。

此类型的电脑配置要比大众型电脑的配置还高。如表1-4所示为专业型用户电脑配置建议。

表1-4　专业型用户的电脑配置建议

产品名称	产品型号
主板	微星 Z270 KRAIT GAMING
CPU	Intel i7 7700K
内存	16GB
硬盘	2TB HDD+250G SSD
显卡	索泰 GTX 1070 Ti TYLOO（显存 8G）
光驱	无光驱
显示器	三星 27 英寸
声卡	集成声卡
网卡	集成网卡
机箱、电源	安钛克龙焰、酷冷至尊 RS550-AFBAG1-CN
鼠标、键盘	有线鼠标、有线键盘

1.4 品牌机和组装机哪个好

在电脑刚刚进入国内时，品牌机是一个非常重要的电脑引入模式。由于当时的电脑硬件产品并不像现在这样划分得如此清楚，且每个电脑设备都制作得如此精细，所以品牌机也成为当时唯一能给予消费者选择的产品。

随着网络技术的发展，品牌机已经不能满足所有用户的需求，所以用户就开始根据自己的需求来选择不同的硬件组装适合自己的电脑。

1.4.1 品牌机与组装机的对比选择

目前，虽然使用笔记本电脑会更加方便，但对于更多的公司或游戏玩家来说，台式电脑会更满足他们的需求。那么，在选购台式电脑时是选择品牌机还是组装机呢？下面就来对比一下品牌机和组装机有什么不同，如图1-19所示。

基本概念

品牌机是指有明确品牌标识，由公司性质组装起来的，并且经过兼容性测试，再正式对外出售的整套的电脑；组装机是将电脑硬件设备组装在一起的电脑，用户可以自己买硬件进行组装，也可以到硬件设备市场或网上定制组装。简单来说，用户可以根据自己的需求随意搭配各个硬件设备，组装机价格便宜且性价比高。

品牌价值

品牌机的名称就直接代表着品牌和服务，也可能品牌越响，电脑的价格也越贵。因为这都是高额的广告费宣传出来的，而消费者最终也需要为这些广告费买单。因此，一般同等价位的品牌机的配置可能不如组装机。

灵活性

对于品牌机而言，它的各硬件设备都已经固定好了，挑选的余地非常小，所以灵活性不高；而组装机在这方面就具有很大的优势，用户可以根据自己的实际需求灵活配置选购的电脑。

稳定性

品牌机拥有独立的技术部门，对品牌机的各部件会进行严格的测试和检验，所以品牌机的兼容性非常好，不容易出现故障；组装机是按照自己的需求订购不同的电脑设备硬件，然后进行组装，虽然目前大部分硬件都能相互兼容，但组装机在使用的过程中多少会出现一些小问题，如内存条很容易松动等。

价格方面

在本节的前面内容中介绍过，品牌机的组装需要经过技术部门的严格测试，就会产生相关的技术服务费。另外，品牌机的售后服务相对要好一些，在很多区域都有固定的售后服务网点，此时又会产生售后服务费。因此，在配置完全相同的情况下，品牌机的价格相对要贵一些。

售后服务

与组装机相比，品牌机的售后服务相对好很多，品牌机的质保期也要长一些。另外，品牌专卖店可以对用户的电脑进行简单的维修，在大中城市也会设立固定的维修网点；而组装机如果某个硬件设备出现了问题，需要把该硬件设备寄送到厂家进行检测与维修，需要较长时间。简单来说，品牌机卖的是服务，而组装机卖的是实惠。

附件

一般情况下，购买组装机会赠送送鼠标垫、防尘罩以及清洁工具等；而品牌机除了这些附件外，可能还会安装操作系统、办公软件以及杀毒软件等正版软件。

图1-19

从以上的对比内容中可以知道，品牌机的优势是外形美观、售后服务有保障，但缺点是电脑内部配置质量不均；而组装机的优势是可以完全按照用户的个人需求来组装电脑配置，缺点就是售后没有保障，产品整体质量容易参差不齐。最后选择组装机还是品牌机，需要用户根据自己的需求来决定。如果用户对电脑不是很了解，但是预算比较高，且电脑用途也只是日常办公、家用、上网、看视频、学习以及玩点简单游戏等，则可以考虑品牌机；如果用户对电脑略懂或有较懂的朋友，追求性价比较高的电脑，甚至对游戏有强烈的需求，则可以考虑组装机。

1.4.2 如何选购品牌机

对于电脑初学者而言，他们可能更加青睐于品牌机，因为品牌机具有良好的质量、个性化的设计和完善的售后服务等优势。但这并不能说明买品牌机就比买组装机更让人放心，买品牌机同样需要掌握一些选购技巧。

● **查看品牌：** 目前，可以把市场中的品牌机分为4种类型，用户可以根据自身情况进行选择。第一类为国际知名品牌，如戴尔、HP等，这类品牌机的质量和售后服务都是非常好的，当然它的价格也与之成正比，如果预算较高，不妨选择此类品牌的电脑；第二类为国内著名品牌，如联想、华硕等，这类品牌机的质量稳定，相对于国外品牌机而言具有更高的性价比，配置方面也更加符合用户的实际需求，售后服务同样有保障；第三类就是一些小型正规企业生产与制作的电脑，它们在特定的地方销售和售后，整机的性能也还不错，相对于上述两种品牌电脑，该类电脑更具有价格优势；第四类就是一些公司申请了品牌，但是对电脑组装后进行了整机售卖，这与组装机没有多大区别，价格是4种品牌机中最便宜的，但是售后服务却要差很多。

● **根据配置选机型：** 在选购电脑时，想要直接确定一款适合自己配置的电脑，并不是一件容易的事情，因为这不仅与自己的需求有关，还涉及自己的资金是否充裕。因此，用户在选购电脑时要从电脑性能以及价格两个方面入手，从而在看中的电脑品牌中挑选出最适合自己机型。同时还需要注意，不要选购刚刚上市的电脑，因为新上市的电脑价格都比较贵；也不能选购上市特别久的电脑，因为这样的电脑离退市已经不远了，退市的电脑售后和升级会比较麻烦。

● **讨价还价：** 在选定某款适合自己的电脑后，就会和电脑销售人员进行正面接触了。通常情况下，现在的品牌电脑基本上都有一个统一的销售价格，但这并不是最低价格，因为销售人员为了提高业绩，可能会有一个预留价格。因此，千万不要相信销售人员所谓的最低价格，因为还能在这个价格上进行压价。

● **查看认证：** 选购电脑不能只看配置和价格，还要看电脑生产厂家是否通过了ISO国际质量体系认证。只有通过该认证，才能使电脑的质量与售后服务得到保障，因为该认证标志着企业产品和服务达到了国际水平。

● **查看包装：** 在电脑选购好以后，应该要求销售商重新拿一台全新且没有拆封过的电脑。因为在商店摆放的电脑都是样品机，用来进行展示的，这样的电脑可能开机摆放了一天，也可能开机摆放了数天。对于安装了正版操作系统的电脑，如果作为样品机进行展示，其操作系统可能已经被激活，这样电脑的保质期明显缩短了。

● **重视扩展性和附加价值：** 目前，电脑的升级能力已经成为用户评价电脑的一项重要标准。因此，在选购品牌电脑时一定要考虑它是否拥有升级能力以及升级能力是否较好。例如，现在有部分一体机采用小机箱配以全集成的设计，这些电脑外观小巧，如果用户不关心日后是否需要升级的话，则可以选择这样的电脑，但是不能升级的电脑通常不能使用太久，很快就会因为电脑整体性能下降而被淘汰；除了电脑整机外，很多品牌机还会提供一些随机附赠的物品，这对用户来说是比较划算的。但并不是所有的赠品都物有所值，因为商家不会白白吃亏，归根结底是要结算到产品的成本中的，这也是所谓的变相搭售行为。因此，在购买品牌机时要考虑到这些东西是否实用，是否值得。

● **查看售后服务：** 对于电子产品而言，售后服务是必不可少的。而品牌机最大的优势就是具有良好的售后服务，而每个品牌的售后服务又存在着差异。因此，在选购电脑时，需要对各品牌机的售后服务进行对比，如有的品牌机在有效期内直接免费更换，有的品牌机则是免费维修；有的品牌机是免费上门维修，有的品牌机需要将电脑送到售后网点去维修等。所以用户在选购电脑时，如果对电脑的配置不是很了解，不妨选一台售后服务较好的品牌机。

TIPS 品牌机售后服务注意事项

许多用户首先选购品牌机，都是冲着其良好的售后服务去的。对于规模较大的品牌机而言，它们通常会提供3年的免费保修服务。不过形式有些不同，有些其中第1年为上门服务，其余2年为送修服务；有些则3年都为送修服务。某些名气稍小的二线品牌机的售后服务和组装机差不多，只提供1年的保修，并要求用户把机器送到维修点。因此，用户在选购品牌机时一定要把这个问题弄清楚再下单。

手把手教你选电脑

学习目标

想要组装出一台适合自己的电脑，首先需要选购出适合自己的电脑硬件。选购电脑硬件与选购其他产品一样，不仅需要了解各硬件的内在属性，还需要掌握相关的选购技巧与常识。

知识要点

- 主板的硬件结构
- 主板的性能指标
- 主板的选购常识
- CPU的基础常识
- CPU的主流型号

......

2.1 选购主板

对于一台电脑而言，所有硬件设备都是通过主板联系起来，实现它们的数据传输而工作，这些硬件设备也只有与主板配套才能正常使用。因此，用户在选购电脑硬件设备时，首先需要确定使用哪种主板。

2.1.1 主板的硬件结构

　　一般情况下，主板采用了开放式结构，其正面包含多个扩展插槽，用于连接电脑的硬件设备。由于主板的类型和档次决定着整个电脑系统的类型和档次，主板的性能影响着整个电脑系统的性能，所以用户需要对主板的硬件结构进行了解，这也有助于根据主板的插槽情况来选购电脑的其他硬件设备。

● **CPU插槽：** 电脑最核心的部分就是CPU，CPU只有通过接口与主板连接才能进行工作。CPU经过多年发展，接口的方式多样，如引脚式、卡式、触点式以及针脚式等。目前，CPU的接口是针脚式接口，对应到主板上就有相应的插槽类型，并且不同类型的CPU使用不同类型的CPU插座。其中，CPU插座质量的好坏关系到CPU是否能正常稳定地运行，甚至关系到CPU的使用寿命，如图2-1所示分别为Intel公司和AMD公司生产的CPU所使用的插座。

图2-1

● **内存插槽：** 电脑内存插槽是指主板上用来插内存条的插槽，主板所支持的内存种类和容量都由内存插槽来决定。内存条通过其金手指与主板连接，其正反两面都带有金手指，金手指的两面可以提供不同的信号，也可以提供相同的信号。内存插槽多可以多插几根内存，某些芯片组+系统可以支持32GB或者更多的内存。内存插槽通常最少有两个，最多的为4、6或8个，主要是主板价格差异，如图2-2所示为含有4个内存插槽和6个内存插槽的主板。

图2-2

● **北桥芯片：**北桥芯片是主板芯片组中起主导作用的最重要组成部分，也称为主桥。一般来说，芯片组的名称就是以北桥芯片的名称来命名的，如Intel 845E芯片组的北桥芯片是82845E。北桥芯片是主板上离CPU最近的芯片，这主要是考虑到北桥芯片与处理器之间的通信最密切，为了提高通信性能而缩短传输距离，如图2-3所示。

● **南桥芯片：**南桥芯片又叫I/O控制器（输入/输出设备），简称为ICH，距离CPU较远。南桥芯片负责I/O总线之间的通信，如PCI总线、USB、LAN、ATA、SATA、音频控制器、键盘控制器以及实时时钟控制器等，这些技术相对来说比较稳定，所以不同芯片组中可能和南桥芯片是一样的，不同的只是北桥芯片。由此可知，现在主板芯片组中北桥芯片的数量要远远多于南桥芯片，如图2-3所示。

图2-3

● **PCI Express插槽：**PCI Express是新一代的总线接口，采用了目前业内流行的点对点串行连接。比起PCI以及更早期的计算机总线的共享并行架构，其每个设备都有自己的专用连接，不需要向整个总线请求带宽，而且可以把数据传输率提高到一个很高的频率，达到PCI所不能提供的高带宽，能满足现状和将来一定时间内出现的低速设备和高速设备，如图2-4所示。

图2-4

● **内存插槽：** SATA是Serial ATA的缩写，即串行ATA，是一种完全不同于并行ATA的新兴硬盘接口类型，主要功能是用作主板和大量存储设备之间的数据传输。SATA总线使用嵌入式时钟信号，具备了更强的纠错能力，与以往相比其最大的区别在于能对传输指令进行检查，如果发现错误会自动矫正，这在很大程度上提高了数据传输的可靠性，如图2-5所示。

● **电源插座：** 电源插座是主板连接电源的接口，主要为CPU、内存、芯片组以及各种接口卡提供电源。目前，常见主板所使用的电源插座都具有防插错功能，如图2-6所示。

图2-5

图2-6

● **I/O（输入/输出）接口：** 电脑输入/输出接口是CPU与外部设备之间交换信息的连接电路，它们通过总线与CPU相连，简称I/O接口。I/O接口分为总线接口和通信接口两类：如果需要与外部设备或用户电路与CPU之间进行数据、信息交换以及控制操作时，需要使用电脑总线把外部设备和用户电路连接起来，此时就需要使用总线接口；如果电脑系统与其他系统直接进行数字通信，则需要使用通信接口。如图2-7所示为主板上的输入/输出接口。

图2-7

TIPS I/O（输入/输出）接口的常见类型

从图2-7所示的I/O（输入/输出）接口外观来看，其主要有如图2-8所示的几种接口类型。

PS/2接口

PS/2接口是I/O接口中比较常见的一种接口，用来连接键盘和鼠标，二者可以用颜色来区分，紫色接键盘，绿色接鼠标。

VGA接口

VGA接口是一种D型接口，共有15针，分成3排，每排5个。它就是将电脑内的数字信号转换为模拟信号，并发送到显示器。

DVI接口

DVI接口分为两种：一是DVI-D接口，只能接收数字信号；二是DVI-I接口，可同时兼容模拟和数字信号。

HDMI接口

HDMI接口可同时传送音视频信号，由于音视频信号采用同一条电缆，非常适合用户组建HTPC平台，连接大尺寸的液晶电视。

USB接口

USB有设备即插即用和热插拔功能，目前有3代连接标准，分别是USB 1.0/1.1、USB 2.0和USB3.0，USB 1.0/1.1与USB 2.0相互兼容，USB3.0向下兼容USB2.0。

e-SATA接口

e-SATA接口是一种外置的SATA规范，即通过特殊设计的接口能够很方便的与普通SATA硬盘相连，速度不会受到PCI等传统总线带宽的束缚，主要用来外接硬盘。

RJ45网络接口

RJ45网络接口是最为常见的I/O接口，应用于以双绞线为传输介质的以太网当中。

光纤音频接口

光纤音频接口是几乎所有的数字影音设备都具备的接头，主要用来连接音箱产品。

图2-8

2.1.2 主板的性能指标

电脑主板的性能主要就是它是否稳定，而它的性能指标就是指影响其稳定性的因素。因此，在选购主板时，除了了解其硬件结构外，还需要掌握所选主板的性能指标，下面就来看看主板的常见性能指标有哪些，如表2-1所示。

表 2-1　主板的性能指标

指标名称	含义
主板芯片组类型	主板芯片组是衡量主板性能的重要指标之一，所以芯片组性能的优劣，决定了主板性能的好坏与级别的高低。另外，主板芯片组决定了主板所能支持的 CPU 种类、内存类型以及频率等。目前，主板芯片组的生产厂商主要有 Intel 芯片组、AMD–ATI 芯片组以及 VIA（威盛）芯片组等
支持 CPU 的类型与频率范围	区分主板类型的主要标志之一，就是 CPU 插座类型的不同。虽然主板的型号有很多，但是总体结构基本相同，只是在某些细节上有些不同，如 CPU 插座。目前，市场中主流的主板 CPU 插槽有 AM2、AM3 以及 LGA 775 等类型，这些插槽分别与对应的 CPU 配对
是否集成显卡	通常情况下，相同配置的电脑集成显卡的性能不如相同档次的独立显卡，但集成显卡的兼容性和稳定性却相对较好
支持最高的前端总线	支持最高的前端总线是 CPU 与主板北桥芯片，或者内存控制集线器之间的数据通道，其频率高低直接影响 CPU 访问内存的速度
支持最高的内存容量和频率	目前，主流内存均采用 DDR4 技术，为了能使内存发挥出全部性能，主板同样需要支持 DDR4 内存，而支持的内存容量和频率越高，电脑的性能越好
对硬盘和光驱的支持	目前，主流硬盘与光驱都采用了 SATA 接口，所以我们选购的主板至少要有 2 个 SATA 接口。另外，为了方便以后对电脑进行升级，我们选购的主板应该至少具有 4 个或者 6 个 SATA 接口
USB 接口的数量与传输标准	由于 USB 使用起来很方便，所以许多电脑硬件与外部设备连接都是采购 USB 来实现的，如 USB 鼠标、移动硬盘等。为了让电脑能同时连接多个设备，发挥更大的作用，主板上的 USB 接口越多越好
超频保护功能	现在市场中部分主板具有超频保护功能，该功能可以有效防止用户由于超频过度而烧毁主板和 CPU。当然，该功能并不是不允许用户进行超频操作，而是允许用户"适度"调整芯片运行频率

2.1.3　主板的选购常识

　　在对主板的性能指标有所了解后，就可以根据实际需求选择一款合适的主板。不过，在选购的过程中还需要对一些常识性的问题进行了解，具体介绍如表2-2所示。

表 2-2　主板的选购常识

注意事项	含义
用料和制作工艺	首先，查看主板的厚度，主板的厚度按制作工艺分 4 分板和 6 分板两种情况：4 分板是指 4 层板合成的主板；6 分板是指 6 层板合成的主板。其中，厚的主板比薄的主板要好，因为厚的主板更加结实，不过现在市场中的 4 分板较多。其次，观察主板电路板的层数及布线系统是否合理，布线是否合理流畅，这些因素直接影响整块主板的电气性能
芯片的生产日期	在选购主板时，需要留意各芯片的生产日期，如果时间相差较大，就需要多加注意了。通常情况下，时间相差不宜超过 3 个月，否则将影响主板的总体性能。例如，其中一块芯片的生产日期为 1050（2010 年第 50 个星期），另一块芯片的生产日期 1144（2011 年第 44 个星期），生产时间相差一年以上，则可以判断此主板的质量较差，不宜选购
主板电池	主板中具有一颗微型电池，该电池的主要作用是保持 CMOS 数据和时钟的运转。如果出现"掉电"（电池没电了），就保持不了 CMOS 数据了，关机后时钟也不走了，所以我们需要观察电池是否有生锈、漏液等现象。如果出现生锈的情况，需要及时换下电池；如果出现漏液情况就需要特别注意了，严重时可能导致整块主板因腐蚀而报废
检查跳线	仔细查看各组条线是否为虚焊，检查的办法是：开机后轻微拨动跳线，看电脑运行是否出错。如果出现错误信息，则说明跳线松动，性能不稳定，此类主板尽量不要选购
扩展槽插卡	一般而言，检查插槽弹簧片弹性可以了解主板的整体质量。通常情况下，ISA 扩展槽比 PCI 插槽容易观察，而 PCI 插槽比 AGP 插槽容易观察，其具体观察方法为：首先仔细观察槽孔的弹簧片的大体状态，再将 ISA 卡插入槽中，拔出后观察槽孔内的弹簧片位置形状是否与原来相同。如果没有复原，还有较大偏差，则说明插槽的弹簧片弹性不好，主板的整体质量较差；反之，则说明插槽的弹簧片弹性不好，主板的整体质量较差

TIPS　选购主板时的注意事项

在选购主板时，用户应该根据自身的实际需求与经济条件来进行。另外，除了以上几点关于主板的鉴别方法外，用户还需要注意主板的说明书、品牌以及保质期。特别需要注意的是，千万不要购买那些没有说明书、说明书字迹不清以及没有品牌标识的主板，这些主板不仅容易出问题，而且售后出现问题处理起来也非常麻烦。

2.2 选购CPU

CPU是一台电脑最核心的硬件，主要负责接收与处理外界的数据信息，然后将处理结果传送到对应的硬件设备中，所以选购一个优质的CPU是非常重要的事情。另外，对于选购CPU来说，在满足实际需求的同时最好不要有性能过剩，因此选购CPU还需要以自己的实际需求为前提。

2.2.1 CPU的基础常识

对电脑稍微了解的用户都知道CPU的重要性，一个CPU的价格可以说是整个主机成本的1/3甚至1/2。用户花大精力来组装一台电脑，就是希望自己的电脑流畅、不卡顿以及反应速度够快等，而CPU性能的好坏将直接决定用户使用电脑的直观体验。因此，用户想要选购出适合自己的CPU，首先需要对CPU的基础常识进行了解。

CPU的运作原理

CPU从存储器或高速缓冲存储器中取出指令，放入指令寄存器，并对指令进行译码。此时，CPU会把指令分解成一系列的微操作，然后发出各种控制命令，执行微操作系列，从而完成一条指令的执行。其中，CPU的运作原理可基本分为4个阶段：提取阶段、解码阶段、执行阶段和写回阶段，如表2-3所示。

表 2-3　CPU 的运作原理的 4 个阶段

阶段	含义
提取阶段（Fetch）	从存储器或高速缓冲存储器中检索指令，然后由程序计数器指定存储器的位置，即程序计数器保存供识别程序位置的数值，简单来说，程序计数器记录了 CPU 在程序里的踪迹
解码阶段（Decode）	CPU 根据存储器提取到的指令来决定其执行行为。在解码阶段，指令被拆解为有意义的片段。根据 CPU 的指令集架构（ISA）定义将数值解译为指令，一部分的指令数值为运算码，其指示要进行哪些运算；其他的数值通常供给指令必要的信息，如一个减法运算的运算目标
执行阶段（Execute）	在提取阶段和解码阶段完成后，就会进入执行阶段。该阶段中，连接到各种能够进行所需运算的 CPU 部件。例如，要求一个加法运算，算术逻辑单元（ALU）将会连接到一组输入和一组输出，输入提供了要相加的数值，而输出将含有总和的结果
写回阶段（Writeback）	以一定格式将执行阶段的结果简单的写回，运算结果经常被写进 CPU 内部的暂存器，以供随后指令快速存取

TIPS 指令的基本概念

指令是电脑规定执行操作的类型和操作数的基本命令，由一个字节或者多个字节组成，其中包括操作码字段、一个或多个有关操作数地址的字段以及一些表征机器状态的状态字和特征码。其中，部分指令中也直接包含操作数本身。

CPU的常见类型

目前，市场上常见的CPU品牌有两种，分别是Intel和AMD。其中，Intel的CPU稳定性较好，而AMD的CPU性价比较高。如果从性能和价格上进行对比，Intel CPU 与AMD CPU的主要区别如图2-9所示。

从性能上来看

AMD CPU更加重视3D处理能力，其同档次CPU的3D处理能力是Intel的120%。目前，AMD CPU的功率和发热都比Intel更低。由于AMD CPU的浮点运算能力超群，让使用AMD CPU的电脑在游戏方面更为突出；

由于Intel更加重视视频的处理速度，所以它的CPU具有较强的视频解码能力和办公能力，同时具有高运算速度。可以说，在纯数学运算中，Intel CPU的运算速度要比同档次的AMD CPU快35%左右。同时，与同档次的AMD CPU比较，Intel CPU表现得更加稳定。

由此可知，在电脑游戏运行过程中，Intel CPU比同档次的AMD CPU慢20%左右，因为3D处理是弱项。不过，在视频解码和视频编辑中，Intel CPU比同档次的AMD CPU快20%左右。

从价格上来看

AMD CPU由于设计原因，其二级缓存（L2 Cache）比较小，所以它的成本会更低。因此，在市场货源充足的情况下，AMD CPU比同档次Intel CPU的价格要低10%～20%。如果用户选购电脑用于家用、很少玩游戏且不考虑预算，则Intel CPU是首选；如果用户选购电脑需要玩游戏、进行3D制图且需要考虑预算，则AMD CPU是首选。

图2-9

CPU的技术信息

不仅网络技术在发展，CPU的主流技术也在不断更新。因此，用户在选购CPU之前，需要了解当前市场中各主流型号CPU的相关技术信息，并结合自己所选择的主板做出最终选择（避免出现硬件设备不兼容的情况）。

- **64位CPU：**64位CPU是采用64位处理技术的CPU，相对32位而言，64位指的是CPU GPRs（通用寄存器）的数据宽度为64位，64位指令集就是运行64位数据的指令，CPU一次运行64bit数据。64位CPU具有两大优点：可以进行更大范围的整数运算和可以支持更大的内存。
- **双核CPU：**双核CPU是指在一个CPU上集成两个运算核心，从而提高计算能力。简而言之，双核CPU即是将两个物理CPU核心整合入一个核中。“双核”

的概念最早是由IBM、HP以及Sun等支持RISC架构的高端服务器厂商提出的，主要用于服务器中。而在台式电脑上的广泛应用，则是在Intel和AMD两大厂商的推广下实现的。

● **四核CPU：**四核CPU，即是基于单个半导体的一个CPU上拥有4个一样功能的CPU核心。简单来说，将4个物理CPU核心整合入一个核中，也就是将两个Conroe双核CPU封装在一起。多核CPU解决方案针对这些需求，提供更强的性能而不需要增大能量或实际空间。

● **六核CPU：**Intel发布的Core i7 980X是全球第一款六核CPU，它基于Intel最新的Westmere架构，采用领先业界的32nm制作工艺，拥有3.33GB主频、12MB三级缓存，并继承了Core i7 900系列的全部特性，如支持超线程技术、睿频加速技术以及智能缓存技术等。而AMD的首批桌面六核心处理器Phenom Ⅱ X6 1000T系列的开发代号为"Thuban"，其已知有5款型号：1090T、1075T、1055T、1050T和1035T。

2.2.2　CPU的主流型号

目前，Intel中最顶级的CPU是i9-7980XE，具有18核36线程，是目前桌面CPU中性能最强的一款，堪称"神器"。它主要在一些大型专业场合出现，如专业设计、视频渲染等处会派上大用场；而AMD目前最厉害的CPU为Threadripper 1950X，具有16核32线程，性能仅次于i9-7980XE，同样是一款"神器级"CPU，主要定位于专业场景用户以及极度游戏发烧友用户群体。

对于这种上万元的CPU，普遍用户基本上不需要，所以Intel全新八代酷睿和AMD锐利系列CPU则无疑是首选，如表2-4所示为当前主流CPU的精简排名。

表2-4　当前主流 CPU 的精简排名

级别	Intel 平台			AMD 平台	
	Skylake	Kaby Lake	Coffee Lake	Ryzen	Godavari/打桩机
高端 CPU		i9-7980XE			
		i9-7960X			
				Threadripper 1950X	
		i9-7940X			
		i9-7900X			

续表

级别	Intel 平台			AMD 平台	
	Skylake	Kaby Lake	Coffee Lake	Ryzen	Godavari/打桩机
高端 CPU		i9-7920X		Threadripper 1920X	
		i7-7820X			
	i7-6950X				
			i7-8700K		
	i7-6900K			Ryzen7 1800X	
			i7-8700	Ryzen7 1700X	
	i7-6850K				
	i7-6800K	i7-7740X		Ryzen7 1700	
			i5-8600K	Ryzen5 1600X	
		i7-7700K			
	i7-6700K				
				Ryzen 5 1600	
		i7-7700	i5-8500		
	E3-1230 v5		i5-8400		FX-9590
	i7-5775C			Ryzen5 1500X	
中端 CPU	i5-5675C	i5-7600K	i3-8350K		
	i5-6600K	i5-7600	i3-8350	Ryzen 5 1400	
	i5-6600	i5-7500			FX-9370
	i5-6500	i5-7400	i3-8100	Ryzen3 1300X	FX-8350
	i5-6400	i3-7350K			FX-8320
				Ryzen 3 1200	
		i3-7320			FX-8300
		i3-7300			
	i3-6320				
	i3-6300				A10-7890K
		i3-7100			速龙 X4 880K
	i3-6100				A12-9800/A10-7870K
		奔腾 G4620			

续表

级别	Intel 平台			AMD 平台	
	Skylake	Kaby Lake	Coffee Lake	Ryzen	Godavari/打桩机
中端 CPU		奔腾 G4600			
					A10-7850K/7860L
入门 CPU		奔腾 G4560			速龙 X4 860K
	奔腾 G4520				A10-9700/A10-7800
	奔腾 G4500				速龙 X4 950/速龙 X4 845
			奔腾 G4600T		A10-7700K
					A8-7670K
	奔腾 G4500T	奔腾 G4560T			A8-7650K
	奔腾 G4400				A8-7600
		赛扬 G3950			
	赛扬 G3920	赛扬 G3930			
	赛扬 G3900				速龙 X4 840
			赛扬 G3930T		
	赛扬 G3900T				
					A6-7400K

在Intel八代CPU上市初期，只有酷睿i7、i5、i3系列产品，没有奔腾、赛扬系列，且i5、i3系列型号不完整。另外，与之配套的300系列主板也仅上市了支持超频的高端Z370主板，价位比较贵，对于不支持超频的CPU，性价比就较差。在2018年4月之后，Intel八代CPU进行了更新，补齐了i5、i3酷睿系列型号，与之配套的300系列主板也全线上市，装机可选的CPU与主板变得丰富与合理。随后，Intel八代奔腾与赛扬CPU也逐一上市，这也给了用户更多选择。

2.2.3 CPU的性能指标

CPU是整个电脑系统的核心，它往往是各种档次电脑的代名词，CPU的性能大致上反映出它所配置的那台电脑的性能。因此，CPU的性能指标十分重要。目前，CPU性能的好坏已经不能简单地以频率来判断，还需要综合总线速度、工作电压等指数参数，如下所示为CPU的常见性能指标。

● **主频：** 主频也叫时钟频率，单位是兆赫（MHz）或千兆赫（GHz），用来表示CPU的运算、处理数据的速度。CPU的主频=外频×倍频，通常所说的赛扬433、PIII 550都是指CPU的主频。一般情况下，一个时钟周期完成的指令数是固定的，所以主频越高，CPU的速度也就越快。不过，由于各种CPU的内部结构存在差异，所以并不能完全用主频来说明CPU性能的好坏，CPU的运算速度还要看CPU的流水线、总线等各方面的性能指标。

● **外频：** 外频是CPU的基准频率，单位是兆赫（MHz），决定着整块主板的运行速度。通常在台式机里所说的超频，都是超CPU的外频。需要注意的是，目前绝大部分电脑系统中外频与主板前端总线不是同步速度的，而外频与前端总线（FSB）频率又很容易被混为一谈。

● **倍频：** 全称是倍频系数，是指CPU主频与外频之间的相对比例关系。在相同的外频下，倍频越高CPU的频率也越高。但实际上，在相同外频的前提下，高倍频的CPU本身意义并不大。因为CPU与系统之间数据传输速度有限，一味追求高主频而得到高倍频的CPU就会出现明显的"瓶颈"效应，即CPU从系统中得到数据的极限速度不能够满足CPU运算的速度。

● **缓存：** 缓存大小也是CPU的重要指标之一，而且缓存的结构和大小对CPU速度的影响非常大。CPU内缓存的运行频率极高，一般是和CPU同频运作，工作效率远远大于系统内存和硬盘。实际工作时，CPU往往需要重复读取同样的数据块，而缓存容量的增大，可以大幅度提升CPU内部读取数据的命中率，而不用再到内存或者硬盘上寻找，以此提高系统性能。缓存主要分为3种，分别是一级缓存（L1 Cache）、二级缓存（L2 Cache）和三级缓存（L3 Cache）。

● **前端总线（FSB）频率：** 前端总线（FSB）频率，即总线频率，是直接影响CPU与内存直接数据交换速度。有一个公式可以计算，即数据带宽=（总线频率×数据位宽）/8，数据传输最大带宽取决于所有同时传输的数据的宽度和传输频率。例如，现在支持64位的至强Nocona，前端总线是800MHz，经过公式计算其数据传输最大带宽是6.4GB/s。

● **制造工艺：** 制造工艺通常用来衡量组成芯片电子线路或元件的细致程度，通常以μm（微米）和nm（纳米）为单位。制造工艺越精密，CPU线路和元件就越小，在相同尺寸的芯片上就可以增加更多的元器件、拥有功能更复杂的电路设计。

● **多线程：** 同时多线程（Simultaneous Multithreading）简称SMT，它可以通过复制CPU上的结构状态，让同一个CPU上的多个线程同步执行并共享CPU的执行资源，可最大限度地实现宽发射、乱序的超标量处理，提高CPU运算部件的利用率，缓和由于数据相关或Cache未命中带来的访问内存延时。另外，多线程技术可为高速的运算核心准备更多的待处理数据，减少运算核心的闲置时间。

● **工作电压：** 工作电压是指CPU正常工作所需的电压，低电压可解决CPU耗电过多或发热量过大的问题，让CPU能够更加稳定地运行，同时延长使用寿命。

2.2.4 CPU的选购常识

虽然用户对CPU的一些基础知识有了一定的了解，但是要选购出适合且性价比高的CPU，还是需要知道一些选购常识，以避免上当受骗，如表2-5所示。

表 2-5 CPU 的性能选购常识

序号	常识
1	对于正宗盒装 CPU 而言，其塑料封装纸上的 Intel 水印字迹非常工整，不会有横着、斜着或倒着的情况出现（除非在封装时由于操作原因而将塑料封纸上的字扯成弧形），并且正反两面的字体差不多都是这种形式。假冒盒装上往往是正面字体比较工整，而反面的字变成歪斜。另外，正宗盒装 Intel CPU 的盒正面左侧的蓝色是采用四重色技术在国外印制的，色彩纯正，通过对比很容易分辨
2	对电脑市场中正规商家有关盒装 Intel CPU 的价格进行了解，若发现某个商家的价格比常规市场价格低很多，而该商家又不是 Intel 的授权经销商，那么就不要轻易在该商家处购买 CPU，不要因为贪图便宜而因小失大
3	几乎在所有的电脑设备上都有一串很长的编码，CPU 也不例外。直接拨打 Intel 的查询热线，即可对该串编码进行查询。如果 Intel 客服人员告诉你的 CPU 信息和商家说的 CPU 信息一致，则该 CPU 为正品
4	Intel 公司为用户提供了一款名为"处理器标识实用程序"的 CPU 检测软件，该软件主要包括 3 个部分的功能，分别是 CPU 频率测试、CPU 所支持技术测试以及 CPU ID 数据测试。此时，用户使用该软件可以检测 CPU 是否已经被作假

2.3 选购内存

随着技术的发展，电脑硬件的更新换代非常迅速，对于内存的需求也越来越高。这种现象让很多打算组装电脑的用户很是头疼，不知道如何选择，经常花高价买了不适合自己的内存产品。

2.3.1 内存的硬件结构

内存的作用就是用于暂时存放CPU中的运算数据，以及与硬盘等外部存储器交换的数据。只要电脑在运行中，CPU就会把需要运算的数据调到内存中进行运算，当运算完成后CPU再将结果传送出来。内存能否稳定地运行也决定了电脑能否稳定运行，其主要由内存芯片、电路板、金手指以及SPD等多部分组成，如图2-10所示。

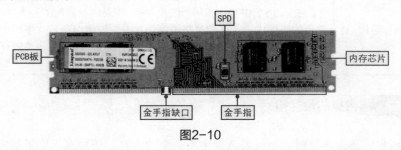

图2-10

从外观上来看，内存是一块长条形的电路板，电路板上的各部分介绍如表2-6所示。

表 2-6 内存的硬件结构介绍

结构名称	含义
PCB 板	PCB 板（PrintedCircuit Board）的全称为印制电路板，是所有电子元器件的重要组成部分，如同人体的骨架一样。PCB 板能为电子元器件提供固定、装配的机械支撑，同时可实现电子元器件之间的电气连接或绝缘
SPD	SPD（Serial PresenceDetect）的全称为串行存在探测，是 1 个 8 针 SOIC 封装、容量 256 字节的 EEPROM 芯片。其中，SPD 记录了内存的速度、容量、电压以及行与列地址带宽等参数信息。电脑启动时，BIOS 会读取 SPD 中存放的信息，并自动进行调整以使设置最优化。在市场中，许多品牌机使用的主板会让 BIOS 检测到 SPD 数据后才开始正常工作，否则就会发生不兼容、死机等问题

续表

结构名称	含义
金手指	金手指（Connecting Finger）由众多金黄色的导电触片组成，是内存条上与主板中内存插槽之间的连接部件，所有信号都是通过金手指进行传输。金手指实际上是在覆铜板上通过特殊工艺再镀上一层金，因为金的抗氧化性极强，而且导传性也强。不过，因为金的价格较为昂贵，目前较多的内存条都采用镀锡来代替。金手指在使用一段时间后可能会出现氧化现象，进而使内存条无法正常工作，电脑开机时就容易发生故障，所用用户需要定期使用橡皮擦清理金手指上的氧化物
金手指缺口	内存条的金手指中间有一个缺口，该缺口用于防止用户将内存插反，只有正确安装才能将内存条插入主板的内存插槽中，才能使内存正常工作
内存芯片	内存芯片颗粒是内存的核心，直接影响到内存的性能、速度和容量。目前，市场中有许多类的内存条，但是内存颗粒的种类并不多，常见的有现代、三星和英飞凌等。其中，现代内存芯片多用于低端产品；三星内存芯片具有较好的稳定性与兼容性；英飞凌内存芯片具有较强的超频功能

2.3.2　内存的性能指标

用户在选购内存时，不仅要选择主流类型的内存，还要深入地了解内存的各种性能指标，因为这些性能指标是反映内存性能的重要参数。其中，内存的性能指标主要包括容量、额定可用频率（GUF）以及奇偶校验等。

● **容量：** 容量是选购内存条时最先考虑的性能指标，它代表了内存存储数据的多少，通常以MB和GB为单位，单根内存的容量是越大越好。目前，市场上主流内存的容量为2GB、4GB和8GB。

● **额定可用频率（GUF）：** 将生产厂商给定的最高频率下调一些，这样得到的值称为额定可用频率，额定可用频率的单位为MHz（兆赫）。最高可用频率与额定可用频率（前端系统总线工作频率）保持一定余量，可保证系统稳定地工作。例如，8ns内存条的最高可用频率为125MHz，那么额定可用频率应是112MHz。

● **内存电压：** 内存电压是指使内存在稳定条件下工作所需的电压，各种类型的内存具有不同的电压值，超过其规格，则容易造成内存损坏。例如，FPM类型内存与EDO内存使用的都是5V左右的电压，而其他类型的内存甚至使用更小电压伏数的电流。在内存的使用过程中，用户需要注意主板上的跳线不能设置错误，否则将造成电脑相关电路的损坏。

● **速度：** 内存速度通常用于存取一次数据所需的时间（以ns为单位）来作为性能指标，时间越短，速度就越快。当内存与主板、CPU的速度相匹配时，才能使电脑发挥到最大效率，否则会影响CPU高速性能的充分发挥。内存的速度指标通常以某种形式的刻印在芯片上，即芯片型号的后面刻印有"-60"、"-70"或"-10"等字样，表示存取速度为60ns、70ns、10ns。

● **内存的奇偶校验：** 为了检验内存在存取数据过程中是否正确，每8位容量配备1位作为奇偶校验位，配合主板的奇偶校验电路对存取数据进行正确校验，此时在内存条上就额外加装了一块芯片。在实际使用中，有无奇偶校验位对系统性能影响不大，所以很多内存条上已不再加装校验芯片。

● **数据位宽和带宽：** 内存数据位宽是指内存同时传输数据的位数，以bit为单位；内存数据带宽是指内存的数据传输速率。

● **内存的线数：** 内存线数是指内存条与主板接触时接触点的个数，这些接触点就是所谓的金手指，有72线、168线和184线等。其中，72线、168线和184线内存条数据位宽分别为8位、32位和64位。

2.3.3　内存的选购常识

许多用户在装机时，不是很重视内存的选购，导致电脑运行不稳定或兼容性较差。随着电脑的发展，系统软件和应用软件越来越大，电脑的原装配置可能无法满足用户的实际需求，所以用户需要把握内存的选购常识。

内存的品牌

目前，市场中内存条的品牌有很多，金士顿属于大众化品牌，市场占有率比较高，是绝大数用户装机的首选品牌。如果用户组装的是高端电脑，则建议采用海盗船、芝奇等内存品牌；如果用户注重性价比，则可以优先考虑威刚、镁光英睿达、十铨以及影驰等内存品牌。

内存的容量

现在市场中单条内存条的容量通常为4GB、8GB和16GB，如果用户想要更大的内存容量，则可以通过购买多条同品牌、同型号的内存条进行组合。一般情况下，常见主板至少都是2根或4根内存插槽，一些高端主板还会支持6根、8根甚至更多内存插槽。目前，主流主板最高能够支持64GB内存，部分高端主板甚至能够支持128GB超大内存，而64位的CPU最大支持内存也能达到128GB。

不过，对于普通办公电脑或者家用电脑而言，4GB内存完全满足实际需求；对于游戏电脑而言，则建议采用8GB或者16GB内存；而对于一些规划人员或者运算程序的用户而言，则需要考虑适当的提升内存容量。

内存的代数

所谓的内存代数，就是指内存条的名称中的"DDR2"、"DDR3"以及"DDR4"等，如图2-11所示。目前，组装电脑的主流内存条都是DDR4内存，部分老式电脑升级的，可能还是DDR3内存，甚至是DDR2内存。

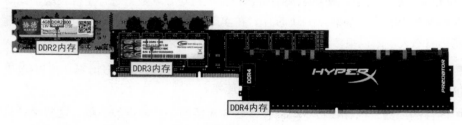

图2-11

用户在选购内存时，可以根据主板的内存或者CPU支持（可以查看主板的"内存规格"参数）情况来确定。简单来说，从Intel 100系列主板开始，已经支持DDR4内存，而新一代的AMD锐龙Ryzen全系列CPU也开始也全面支持DDR4内存。

内存的频率

内存频率和CPU频率一样，常常被用来表示内存的速度，它代表着该内存所能达到的最高工作频率。在一定程度上，内存主频越高代表着内存所能达到的速度越快，就决定着该内存最高能在什么样的频率正常工作。

目前，较为主流的内存频率是1600MHz和2400MHz的DDR内存；667MHz、800MHz和1066MHz的DDR2内存；1066MHz、1333MHz、1600MHz的DDR3内存；2133MHz、2400MHz、2666MHz、2800MHz、3000MHz、3200MHz的DDR4内存。不少高端内存甚至拥有更高的内存频率。那么，内存频率对电脑的性能会有什么影响呢？

简单理解，内存容量相当于水管口的直径，而内存频率相当于水管的阀门，如果将阀门打开的越大，水就会流得越快。因此，内存在相同代数（第几代）和容量的情况下，频率越高，性能就越高，当然价格也会随之增高。

双通道内存技术

简单而言，双通道内存技术就是一种可以使电脑性能进一步提升的手段。也就是说，两个内存由串联方式升级为并联方式，从而获取更大的内存带宽，以实现提升内存速度的目的。此外，双通道内存更加有利于核显电脑，特别是APU平台，双通道内存有着更好的优化。

当然，双通道内存需要主板的支持，现在大部分主板都支持双通道。内存双通道不需要在BIOS中进行设置，只需要具有2根内存插槽的主板，然后插上2根内存就能组建双通道内存，而多个内存插槽的主板需要"隔插"。例如，在具有4根内存插槽的主板中，只需要将内存分别插入1和3内存插槽中，或者2和4内存插槽中即可组建双通道。

内存的超频与时序

对于普通用户来说，不需要对内存的超频和时序进行特别关注，但是对于组装高级电脑的用户而言，还是需要有所了解。

所谓的超频，就是通过提升电压和调整时序来进一步提升内存频率，从而让内存性能加强。不过，并不是所有的内存都适合进行超频操作，关键还需要看内存的品质；

内存时序是描述内存条性能的一种参数，通常存储在内存条的SPD中。一般字母"A-B-C-D"分别对应的参数是"CL-tRCD-tRP-tRAS"，它们的含义分别为：CL是内存CAS延迟时间，某些品牌的内存会把CL值印在内存条的标签上；tRCD是内存行地址传输到列地址的延迟时间；tRP是内存行地址选通脉冲预充电时间；tRAS是内存行地址选通延迟，这4项时序调节是购买内存条时需要关注的。绝大多数情况下，如果内存的频率相同，时序越低，则性能越高。

内存的外观

随着侧透机箱的发展，部分用户在组装电脑时会优先选择带有马甲或灯条的内存，特别是灯条内存比较受到年轻人的欢迎，因为它能让主机箱内部更加光彩夺目。

此外，每代内存条的外观都存在着一定的差异，虽然一眼看去觉得差别不是很大，但如果仔细查看还是会有所不同。例如，"DDR4"内存条和"DDR3"内存条的外观区别，DDR4内存条的金手指缺口相较于DDR3内存条更加居中，而且DDR4内存条的金手指呈弯曲弧形，DDR3内存的金手指则呈直线平滑，此时就说明这两代内存条可能存在不能相互兼容的情况。

2.4 选购硬盘

硬盘是电脑上的重要配件，它除了拥有存储功能之外，还拥有软件的读/写功能。此外，硬盘的性能直接影响到电脑整体的性能，关系到电脑处理数据的快慢与稳定性。

2.4.1 硬盘的外部与内部结构

目前，市场上流通着各种各样的硬盘，包括固态硬盘、机械硬盘以及闪存盘等，这些硬盘承载着电脑操作系统的正常运转。由于最常用的硬盘是机械硬盘，所有我们就以机械硬盘为例对硬盘的外部与内部结构进行详细介绍。

外部结构

从外观上看，硬盘的外部结构包括表面、侧面和背面3个部分。通常情况下，硬盘正面都贴有硬盘的标签，标签上标注着与硬盘相关的信息，如硬盘的序列号、型号、产地以及出厂日期等；在硬盘的侧面有电源接口插座、主从设置跳线器和数据线接口插座；在硬盘的背面则是控制电路板。总体而言，硬盘的外部结构主要包括以下3个部分。

● **接口：** 接口主要包括两个部分，分别是电源接口和数据接口，如图2-12所示。其中，电源接口与主机电源相连接，为硬盘正常工作供电；数据接口是硬盘数据与主板控制芯片之间进行数据传输交换的通道，使用时是用一根数据电缆将其与主板IDE接口或与其他控制适配器的接口相连接，数据接口可以分成PATA接口、SATA接口和SCSI接口3种类型。

图2-12

● **固定面板：** 固定面板是指硬盘正面的面板，它与底板结合成一个密封的整体，从而确保硬盘盘片可以稳定运行。在固定面板表面是硬盘编号标签，记录了硬盘的序列号、型号等信息。另外，固定面板上还有一个透气孔，其主要作用就是使硬盘内部气压与大气气压保持一致。如图2-13所示为硬盘固定面板上的相关信息。

● **控制电路板：** 控制电路板包括主轴调速电路、磁头驱动与伺服定位电路、读/写电路和控制与接口电路等，大多数硬盘的控制电路板都采用贴片式焊接。电路板上有一块ROM芯片，固化在里面的程序可以进行硬盘的初始化、执行加电和启动主轴电机等。另外，电路板上还许多容量不等的高速数据缓存芯片，如图2-14所示。

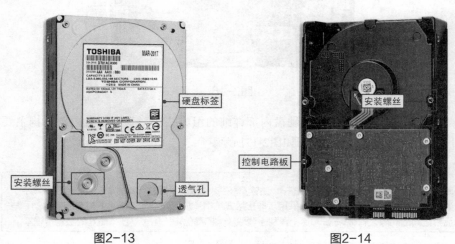

图2-13   图2-14

TIPS 控制电路板的组成部分

虽然控制电路板表面看着不算很大，其实包含很多部分，具体介绍如图2-15所示。

主控制芯片
主控制芯片是电路控制板上最大的一块集成电路，也是引脚最多的芯片，主要作用是负责硬盘数据读/写指令和数据传输等工作。

读/写控制芯片
读/写控制芯片的主要作用是，依据主控制芯片发出的读写指令，控制硬盘主轴电机和读/写磁头对盘片上的数据进行读取、写入操作。

BIOS芯片
与主板一样，硬盘也有BIOS芯片，该芯片是硬盘的灵魂，主要负责硬盘在启动、工作和停止时的工作参数，通常保存在一块FLASH ROM芯片中。

SATA桥接芯片
通常情况下，非原生的SATA硬盘会采用一个负责将并行数据转换成串行数据的桥接芯片。由此可知，非原生SATA硬盘的性能比原生SATA硬盘的性能差。

图2-15

内部结构

　　硬盘内部结构由磁头、盘片、主轴、控制电机及其他附件等部分组成，如图2-16所示。其中，盘片组件是构成硬盘的核心，封装在硬盘内，包括浮动磁头组件、磁头驱动机构、盘片及主轴驱动机构等。

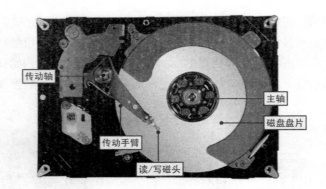

图2-16

从图2-16所示可以看到硬盘内部详细的组成结构，其实硬盘内部结构主要可以分为4个部分，具体介绍如图2-17所示。

磁头组件

磁头组件是硬盘中最精密的部位之一，由读/写磁头、传动手臂和传动轴3个部分组成。其中，读/写磁头由多个磁头组合而成，采用了非接触式结构，加后电在高速旋转的磁盘表面移动，与盘片之间的间隙只有0.1～0.3um，有利于读取较大的高信噪比信号，获得更好的数据传输率。

磁头驱动机构

磁头驱动机构由电磁线圈电机、磁头驱动小车和防震动装置组成，高精度的轻型磁头驱动机构能够对磁头进行正确的驱动和定位，并能在短时间内精确定位系统指令指定的磁道。其中，硬盘寻道是靠移动磁头来操作，而移动磁头需要磁头驱动机构才能实现。

磁头盘片

盘片是硬盘存储数据的载体，大多硬盘盘片采用了金属薄膜材料，具有较高存储密度、高剩磁等优点。另外，还有一种被称为"玻璃盘片"的材料作为盘片基质，此种盘片在运行时具有更好的稳定性。

主轴组件

主轴组件由轴承、驱动电机等部分组成。由于硬盘容量的扩大和速度的提高，主轴电机的速度也会随之提升，部分生产商开始采用精密机械工业的液态轴承电机技术，来降低硬盘工作噪声。

图2-17

2.4.2　硬盘的性能指标

硬盘作为数据的存储仓库，应该说是必备的，那么在实际应用的时候，用户一定要了解相关的性能指标，如表2-7所示为常见的硬盘性能指标。

表 2-7　常见的硬盘性能指标

指标名称	详情
容量	作为电脑系统的数据存储器，硬盘最主要的参数是容量，以兆字节（MB）或千兆字节（GB）为单位。对于用户而言，硬盘的容量越大越好，这样可以存储更多的数据，所以选购一块大容量的硬盘是非常有必要的。目前，市场中主流硬盘的容量大于 500GB，通常硬盘容量越大，单位字节的价格就越便宜，但超出主流容量的硬盘例外
主轴转数	硬盘的主轴转数是决定硬盘内部数据传输的决定因素之一，在很大程度上也决定了硬盘的速度。对于普通的个人电脑而言，机械硬盘选择 7200RPM 比较合适。如果主轴转速过快，会因为个人电脑经常性关机，而伤害硬盘磁道；如果主轴转速太慢，又会降低用户使用的舒适度，降低使用体验
平均访问时间	平均访问时间指磁头从起始位置到达目标磁道位置，且从目标磁道上找到要读 / 写的数据扇区所需的时间。平均访问时间体现了硬盘的读 / 写速度，包括硬盘的寻道时间和等待时间。平均寻道时间是指硬盘的磁头移动到盘面指定磁道所需的时间，该时间越小越好，目前硬盘的平均寻道时间通常在 8ms 到 12ms 之间；等待时间是指磁头已处于要访问的磁道，等待所要访问的扇区旋转至磁头下方的时间
传输速率	硬盘的数据传输率是指硬盘读 / 写数据的速度，单位为兆字节每秒（MB/s），主要分为内部数据传输率和外部数据传输率。内部传输率反映了硬盘缓冲区未用时的性能，主要依赖于硬盘的旋转速度；外部传输率是系统总线与硬盘缓冲区之间的数据传输率，与硬盘接口类型和硬盘缓存的大小有关
缓存	缓存是硬盘控制器上的一块内存芯片，具有极快的存取速度，它是硬盘内部存储和外界接口之间的缓冲器。由于硬盘的内部数据传输速度和外界介面传输速度不同，缓存在其中起到一个缓冲的作用。缓存的大小与速度是直接关系到硬盘的传输速度的重要因素，能够大幅度地影响硬盘整体性能

2.4.3　硬盘的选购常识

　　硬盘作为电脑的重要组成部分之一，不仅其价格昂贵，存储的信息更是无价之宝。因此，每个组装电脑的用户都希望选购的硬盘性价比高、性能稳定，且能满足自己的实际存储需求。硬盘的种类在市场上越来越多，性能也在不断加强，而速度、容量和安全也一直是衡量硬盘好坏的最主要的三大因素，所以我们在选购硬盘时需要掌握必要的选购常识。

确定硬盘的类型

目前，硬盘有3种类型，分别是机械硬盘（HDD）、固态硬盘（SSD）和混合硬盘（SSHD）。

机械硬盘是传统式硬盘，在没有固态硬盘之前机械硬盘是首选。目前机械硬盘主要作为存储副盘，具有容量大、价格便宜以及技术成熟等优点。同时也存在速度相对较慢、发热大、噪声大以及防震抗摔性差等缺点。

固态硬盘是在机械硬盘之后推出的新型硬盘，属于以固态电子存储芯片阵列制成的一种硬盘，是目前装机的首选硬盘，作为主盘使用可以大大提升系统速度。固态硬盘具有读取速度快、寻道时间短、静音以及防震抗摔性佳等优点，但其价格价格偏贵、容量较小，存储大数据时，需要搭配机械硬盘来使用。

混合硬盘很好理解，相当于机械硬盘和固态硬盘的组合产品。简单来说，混合硬盘是一块基于传统机械硬盘诞生出来的新硬盘，除了机械硬盘必备的磁盘、磁头等，还内置了闪存颗粒，这个颗粒将用户经常访问的数据进行储存，可以达到更好的读取性能。混合硬盘读写速度相比机械硬盘要快，但是速度不如固态硬盘，与机械硬盘一样，发热明显、有噪声和震动。

按需求选择容量大小

选购硬盘，除了要确定硬盘的具体类型外，还需要重点考虑的就是硬盘容量的大小，因为它直接决定了用户所使用系统平台存储空间的大小，而硬盘容量的选择需要根据具体用途来确定。例如，如果用于学习或办公，则500GB左右的容量已经足够使用；如果用于存储大型3D游戏和各种高清电影，则需要准备1TB以上的大容量硬盘。

对于主流用户来说，目前性价比最高的硬盘是1TB和2TB硬盘；而对于硬盘容量要求不高的普通用户来说，500GB容量的硬盘是最佳选择。另外，从价格、性能和容量上综合来看，320GB及以下的机械硬盘基本上已经没有选购价值了。

转速直接影响硬盘性能

硬盘转速以每分钟多少转来表示，单位表示为RPM（Revolutions Perminute的缩写），即转/每分钟。其中，RPM值越大，内部传输率就越快，访问时间就越短，硬盘的整体性能也就越好。同理，硬盘的转速越高，硬盘的寻道时间就越短，数据传输率就越高，硬盘的性能就越好。目前，市面上的硬盘主流转速为7200RPM。

其实，硬盘的转速不同，性能差别直接反映在随机读取或写入寻道时间性能上，而随机寻道性能参数的值越低越好。不管是Windows系统启动时间、各种软件的启动时间，还是大量零碎文件的读/写等，都和随机读取/写入时间有着非常直接的关系，而这是高性能CPU或内存都无法改变的事情。

缓存大小影响传输速度

除了硬盘的转速，硬盘的缓存大小与速度也对硬盘的传输速度有着非常重要的影响。硬盘在存取零碎数据时，需要不停地在硬盘与内存之间交换数据，如果硬盘的缓存较大，则可以将零碎数据暂时放在缓存中，降低外系统的负荷，同时也会提高数据的传输速度，使整个平台的传输性能得到提高。

目前，市场中硬盘的最大缓存容量可以达到64MB，不过主流硬盘的缓存容量还是保持在32MB。另外，部分中低端的硬盘采用了16MB的缓存，用户在选购硬盘时，如果价格差别不大，则应该尽量选购大容量缓存的硬盘。

单碟容量越大性能越高

单碟容量是硬盘中相当重要的一个参数，在一定程度上决定着硬盘的档次高低。硬盘是由多个存储碟片组合而成，单碟容量就是一个存储碟所能存储的最大数据量。通常情况下，硬盘生产商在增加硬盘容量时，主要通过两种方式来操作：一是增加存储碟片的数量，但受到硬盘整体体积和生产成本的限制，碟片数量通常在5片以内；二是直接增加单碟容量。

目前，主流硬盘的单碟容量从250GB～500GB不等，单碟容量越大，硬盘的总容量越大，可储存的数据就越多。由于每个硬盘腔体所能安放的盘片有限，想要在有限的盘片中增加硬盘的容量，只能通过增加单碟容量来实现。与此同时，盘片的数据密度也得到了增强，从而使硬盘的持续传输速率也获得了质的提升。

选择合适的硬盘接口类型

硬盘接口是硬盘与主板之间的连接部件，作用是在硬盘缓存和主机内存之间传输数据，不同的硬盘接口决定着硬盘与电脑之间的传输速度。在整个电脑系统中，硬盘接口的好坏直接影响着电脑程序运行的快慢和系统性能的好坏。

从整体的角度上，硬盘接口分为IDE、SATA、SCSI、SAS和光纤通道5种。IDE和SATA接口硬盘多用于家用或办公产品中，部分也应用于服务器；SCSI接口的硬盘则主要应用于服务器市场；光纤通道只用于高端服务器上，价格昂贵。用户在对以前的电脑进行升级时，一定要看清楚硬盘的接口，因为IDE和SATA两种接口之间是不能相互兼容的。

2.5 选购显卡

显卡可以说是电脑硬件系统中非常特殊的一个配件，对于普通的家用办公电脑来说，显卡的作用仅仅只是显示图像。但是对于电脑游戏玩家来说，显卡是整台电脑里最为重要的部件，因为显卡的好坏直接影响到游戏画面质量的高低，喜欢玩游戏的用户都希望自己可以在最流畅、最高质量的画面中享受游戏的乐趣。不过，并不是随便一块显卡就能达到这个目的，用户还需要掌握显卡的相关选购技巧。

2.5.1 显卡分类与显卡芯片型号含义

目前，市场中的桌面显卡品牌主要有两家，分别是AMD和NVIDIA，也就是我们常常所说的A卡和N卡。不过，在选购显卡之前，还是需要对显卡的分类以及显卡芯片型号含义进行了解。

显卡的分类

目前，市场上的组装电脑有两类显卡可供用户进行选择，分别是独立显卡和集成显卡，如表2-8所示。

表 2-8　显卡的分类

类型名称	详情
独立显卡	独立显卡是指将显示芯片、显存及其相关电路单独做在一块电路板上，自成一体而作为一块独立的板卡存在，在与主板连接时需要占用主板的扩展插槽，如 ISA、PCI 或 AGP 等。由于独立显卡拥有自己的显示芯片和显存颗粒，不会占用 CPU 和内存，在对数据进行处理时不需要 CPU 来完成，从而释放 CPU 的占用率，而自身的 CPU 在处理 3D 数据时特别有优势。不过，独立显卡的性能虽强，但发热量和功耗也比较高，同时还需要单独花钱购买显卡，部分独立显卡的价格还比较高
集成显卡	集成显卡是将显示芯片、显存及其相关电路都集成在主板上，与其融为一体的元件。其中，集成显卡的显示芯片大部分都集成在主板的北桥芯片上，也有单独存在的。使用具有集成显卡的主板可以在不需要独立显卡的情况下实现普通的显示功能，从而满足普通的家庭娱乐和商业应用，节省用户购买显卡的费用。不过，集成的显卡不带有显存，使用系统的一部分主内存作为显存，此时就会对整个系统产生比较明显的影响，同时系统内存的频率比独立显卡的显存低很多，所以集成显卡的性能比独立显卡差

对于普通用户而言，如果不进行3D设计或其他专业用途，集成显卡和独立显卡使用到的性能差不多。因为集成显卡的性能完全适合普通用户日常办公娱乐，而且集成显卡具有较好的兼容性和稳定性、适中的价格等优势。对于独立显卡而言，只是对那些真正需要高速度、高品质显示的专业用户和游戏发烧友才显得比较重要。

显卡的芯片型号含义

前面介绍到，显卡芯片主要有两种，即N卡和A卡。其中，N卡的型号由"前缀+数字"组成，前缀分别为GTX、GTS、GT和GS开头，而后面的数字型号则是越大性能越强。目前，N卡最常见的型号是GT和GTX两种，GT定位入门级，GTX定位中端及以上级别；A卡的型号就比较复杂，以当前最新的北极星架构显卡为例，其型号为"RX+XXX"，目前以RX开头的芯片都是北极星架构的显卡，其后面的数字则是越大性能越强，如RX580>RX570>RX560>RX550。

其实，用户并不需要对显卡的芯片型号进行特别地了解，在选购显卡时可以直接参照当前最新的显卡天梯图（显卡排名图），就可以快速选择适合的显卡，如表2-9所示为当前主流显卡的精简排名。

表2-9　当前主流显卡的精简排名

级别	N卡			A卡		
	GeForce 700	GeForce 900	GeForce 1000	Radeon RX500	Radeon R400	Radeon R300
高端显卡			TITAN Xp			
			GTX1080 Ti			Redeno Pro Duo
						R9 295X2
	GTX Titan Z		Titan X			
			GTX 1080	RX VEGA 64 水冷版		
			GTX 1070Ti			
	GTX Titan X		GTX 1070	RX VEGA 64		R9 Fury X
	GTX 980 Ti			RX VEGA 56		R9 Nano

续表

级别	N卡			A卡		
	GeForce 700	GeForce 900	GeForce 1000	Radeon RX500	Radeon R400	Radeon R300
高端显卡		GTX 980		RX 580 8G版		R9 Fury
	GTX 780 Ti		GTX1060 6G版			R9 390X
中端显卡		GTX Titan		RX 580 4G版	RX 480	R9 390
	GTX 780	GTX 970	GTX 1060 3G版	RX 570 8G版	RX 470	
				RX 570 4G版		
					RX 470D	
	GTX 770					
			GTX 1050 Ti			R9 380X
				RX 560 4G版		R9 380
低端显卡	GTX 760	GTX 960	GTX 1050	RX 560D		
				RX 560 2G版		R9 370X
		R9 370X		RX 550		
					RX 460 4GB版	R7 370
	GTX 750Ti				RX 460 2GB版	
				RX 540		R7 360
	GTX 750		GT1030			
	R7 350					R7 350
						R7 340

对于需要组装电脑的用户而言，在选购显卡时，主要看日常性能需求。如果只是进行日常办公、看电影，或者玩一些常规的3D游戏（如LOL、守望先锋等），集成显卡已经完全可以满足需求；如果需要玩一些大型游戏或进行专业设计，则主流独立显卡是必备需求。

2.5.2　显卡的选购常识

在选购显卡时，盲目追求显卡的性能指标是不可取的，需要综合考虑显卡各方面的信息，同时把握显卡的一些选购常识。

● **显卡的品牌并不影响性能：** 目前，市面上不同品牌的显卡报价存在很大差异，对于部分不了解显卡的用户，可能会错误地认为高价格的显卡性能就强，其实显卡的性能并不能从品牌中体现。不同品牌的同芯片显卡，基本上只是频率不同，而用户可以手动修改显卡的频率。简单来说，品牌主要体现在产品的用料做工、配套设备以及售后服务等因素上的不同。

● **按需求选购显卡：** 对于用户来说，最重要的是根据自己的实际预算和具体的需求来决定选购何种显卡。用户只要确定好自己的具体要求，在购买显卡时就可以快速做出正确选择。另外，高性能的显卡往往对应的是高价格，所以用户还需要在性能与价格之间找到一个合适的平衡点。

● **不要盲目追求显存大小：** 虽然说大显存对高分辨率、高画质的游戏十分重要，但显存并不是越大越好。例如，一块较为低端的显示芯片配备1GB的显存容量，除了价格被提高以外，显卡的性能并没有得到明显提高。

● **优质的风扇和热管：** 如果显卡的性能较好，其产生的热量也会变大，所以选购一块具有优质风扇和热管的显卡就显得比较重要。同时，显卡的散热能力直接影响到显卡工作时的稳定性和超频性能。

● **注重显卡系列：** 显卡的系列直接关系到显卡的性能情况，如N卡的GeForce 1000系列、A卡Radeon RX500系列等。越晚推出的系列，显卡的功能越强大，支持的特效就越多。

2.6 选购光驱

在组装电脑时，很多用户都觉得光驱是选装的配件，没有那么重要，所以并没有花时间去了解光驱的相关资料。其实，光驱在日常生活与工作中发挥着不可替代的作用，因为用户在安装操作系统和驱动、使用影音光盘与CD时还是需要光驱的。此时，用户就需要掌握光驱常规知识及选购技巧。

2.6.1　光驱的性能指标

用户在选购光驱时，除了要了解光驱的外表样式外，还需要了解它的"内心"，即光驱的性能指标，这些指标包括：光驱的数据传输率、平均访问时间、数据的传输模式等，具体介绍如表2-10所示。

表2-10　光驱的常见指标

指标名称	详情
数据传输率	数据传输速率是光驱最基本的性能指标参数，该指标直接决定了光驱的数据传输速度，通常以 KB/s 来计算。光驱主要有 3 种度盘方式，分别是 CLV（恒定线速度）、CAV（恒定角速度）及 P－CAV（局部恒定角速度）。最开始光驱的数据传输速率只有 150KB/s，当时该速率被定为单速，而随后出现的光驱速度与单速标准是一个倍率关系，如 2 倍速的数据传输速率为 300KB/s，4 倍速为 600KB/s，8 倍速为 1200KB/s，12 倍速时传输速率已达到 1800KB/s，依此类推
平均访问时间	即平均寻道时间，作为衡量光驱性能的一个标准，它是指光驱的激光头从初始位置移动到指定数据扇区，并把该扇区上的第一块数据读入高速缓存中所用的时间，单位是 ms，该参数与数据传输速率有关。平均访问时间越短，光驱的性能越好
数据传输模式	光驱的数据传输模式有两种：一种是早期的 PIO，另一种是现在的 UDMA。对于 UDMA 模式而言，用户可以通过 Windows 中的"设备管理器"对话框来打开，从而提高光驱的性能
CPU 占用时间	CPU 占用时间是指光驱在维持一定的转速和数据传输率时，所占用 CPU 的时间，它是衡量光驱性能好坏的一个重要指标。其中，CPU 占用时间越少，光驱的整体性能就越好
高速缓存	高速缓存的作用是提供一个数据缓冲区域，将读出的数据暂存起来，然后一次性进行传送，目的是解决光驱速度不匹配的问题。高速缓存的容量大小直接影响光驱的运行速度，其容量越大，光驱连续读取数据的性能就越好
容错性	目前，虽然高速光驱的数据读取技术已经比较成熟，但仍有一些产品为了提高容错性能，采取调大激光头发射功率的办法来达到目的。此种办法也存在一个比较大的弊端，就是人为地造成激光头过早老化，减少产品的使用寿命

2.6.2　光驱的选购常识

对于普通用户而言，还是有必要选购光驱的，并不是每个用户都是电脑高手，都会使用其他方式来实现光驱的功能，如使用U盘安装操作系统等。下面就来看看光驱的一些选购常识，如图2-18所示。

稳定性

用户在选购光驱时，应该尽量选购采用全钢机芯的DVD光驱，这样即便在高温、高湿的情况下长时间工作，DVD光驱的性能也能恒久如一，因为机芯好光驱才能长时间地稳定工作。通常情况下，采用全钢机芯的光驱要比采用普通塑料机芯的整体上的使用寿命长很多。

兼容性

许多用户在选购光驱时，更加注重光驱的价格、功能、配置或外观。其实，从实用的角度来看，光驱的光盘的兼容性应该是首先考虑的因素，DVD - ROM应该能读取CD - ROM、CD - R以及CD - RW盘上的数据。但是由于CD与DVD格式的激光束波长不同，有的DVD - ROM与CD - R或CD - RW之间存在兼容性的问题。为了能更好地读取与刻录光盘，用户有必要重视光驱的兼容性。

接口类型

通常情况下，DVD光驱的传输模式与CD-ROM一样，都是采ATA33模式，从理论上说该接口已经能够满足当前主流DVD光驱数据的传输要求。但是这种传输模式存在较大的弊端，在光驱读取光盘时，CPU的占用率非常高，如果遇到质量不好的盘片，CPU的使用率可能会立刻提升到100%左右，此时就可能引起死机。所以在选购光驱时，用户需要特别注意光驱的接口模式，在价格相差不大的情况下，尽量选用ATA66或ATA100接口的产品。

速度

对于光盘而言，过高的刻录速度，会提高光驱刻盘失败的概率。对于普通用户而言，刻盘成功的概率还是比较重要的，所以不必太在意刻录光驱的速度，毕竟当前主流的刻盘光驱都在20X以上，完全可以满足日常需求。

品牌

一个值得信任的品牌，是选购出好光驱的关键之一，把握该技巧可以大大减轻光驱选购的难度。目前，市场上的光驱品牌非常多，但真正能左右市场，并在用户中拥有良好口碑的却较少。其中，购买明基BenQ、SONY以及先锋等品牌的光驱，可以使质量和售后服务都能得到较好地保障。

图2-18

2.7 选购机箱和电源

对于部分组装电脑的用户来讲，可能会更加关注CPU、内存以及显卡等核心硬件，很少去关注机箱和电源。机箱是整个电脑主板的框架，虽然对电脑性能没有直接影响，但却必不可少；而电源是电脑的动力系统，关系到系统能否稳定运行。

2.7.1 机箱的选购常识

对电脑的整体而言，机箱是比较重要的部件，它的空间大小、散热性能、做工品质、外观设计以及板材等指标，都是不容忽视的，所以用户在选购机箱时需要注意以下几方面。

● **确定机箱结构和体积：** 用户在选购机箱时，首先需要确定机箱结构和体积，最好选择3/4高ATX机箱。这主要是因为此类机箱的体积比较合适，扩充性也比较好，不仅具有3个或3个以上的5.25英寸的驱动器安装槽，还具有2个3.5英寸的软驱安装槽。

● **查看机箱的用料和做工：** 通常情况下，机箱的制作材料为镀锌钢板。同时，机箱外壳的钢板用指甲划不出明显痕迹的，则为制作工艺较好的机箱。

● **注意机箱外观：** 机箱的外观包括两个部分，分别是外部形状和颜色。由于机箱属于电脑的门面，所以其外观还是相当重要的。当然，其外观还需要与质量相结合，不能因为外观而忽略了质量，从而选择出性价比较低的机箱。

● **确定机箱布局：** 确定机箱布局的主要操作是，了解扩展卡插口、驱动器槽的个数、机箱面板的设计以及机箱内的散热问题。对于扩展卡插口而言，有的机箱不需要使用螺钉就能直接固定扩展卡，拆卸扩展卡时也不需要螺丝刀等工具。如果机箱的价格差别不大，则最好选择具有4个5.25英寸驱动器槽的机箱，这样的机箱具有更好的扩展能力。另外，机箱内散热性能的好坏也比较重要，在选购机箱时需要注意观察机箱是否预留有机箱风扇位置，最好前后都有。

● **确定机箱的功能：** 目前，市场上大部分的机箱都具有独特功能。例如，散热加强型机箱，内部增加了多个风扇，从而提高电脑运行时的稳定性；方便型机箱，则把USB、音频等接口做到了机箱的前面板上。

● **查看机箱板材的厚度：** 由于机箱需要承载主机中的所有硬件，所以对其板材厚度要求较高。如果板材厚度过薄，机箱很容易出现变形的情况。

2.7.2 电源的选购常识

许多用户在选购电脑部件时，往往容易忽略电源的选择，这主要有两个原因：一是电脑部件种类太多，不起眼的电源就没有受到用户的重视；二是电源除了功率外，好像就没有其他特别的指标。因此，用户在选购电源时就会直接选择便宜的产品，不过电源的好坏却决定着电脑的安全性。从电脑的返修案例中不难看出，由于电源而造成主板、CPU、内存以及显卡等部件被烧毁的情况并不少，所以用户需要重视电源的选购，如图2-19所示为电源的选购常识。

做工

通常做工良好的电源，其外壳上很难发现缝隙，都是严丝合缝。另外，电源上的铭牌不清晰，则说明其可能有品质问题。一个好电源，手感沉稳、外壳漆面稳定、字迹清晰且易于辨认。

线材输出方式

从线材输出方式来看，电源分为非模组、半模组和全模组电源3种类型。非模组电源是指所有部件的供电都是直接从电源内部的直流输出模块牵线到外部，且线材无法和电源分离；半模组电源即只有+12V主板供电单路，是直接从电源内部牵线至外部，其他几路供电属于模块化设计制造，可以随时安装和拆卸；全模组电源是指所有供电电路都属于模块化设计制造，需要使用哪路就接哪路，此种电源最贵，因为其安装后可以使机箱更为整齐美观且理线也更加方便。

规格与标准

与其他部件一样，电源也是有规范和标准的，当前最新规范为ATX 12V 2.2标准。选购电源时，用户应该尽量选择更高规范版本的电源。首先，高规范版本的电源可以向下兼容；其次，新规范的12V、5V以及3.3V等输出的功率分配通常更适合当前电脑部件功率需求。除此之外，ATX 12V 2.0规范还将电源满载转换效率的标准提升至80%以上，从而更加响应环保节能的号召，并再次加强了+12V的电流输出能力。

额定功率

额定功率和峰值功率是两个不同的东西，而部分不良商家会将峰值功率当成额定功率向用户进行宣传，甚至刻意引导用户将某些型号当成是功率。额定功率是指能够连续输出的稳定有效功率，即在正常的工作环境下可以持续工作的最大功率；峰值功率是指电源短时间内能达到的最大功率，通常只能维持30s左右。若电源长时间以峰值功率输出，则可能损坏电源，甚至是损坏整个电脑平台。那么，如何知道额定功率和各路输出的电流呢？可以通过电源的铭牌了解。

用料

对于电源而言，用料充足比用料缩水的电气性能要好。对比用料情况，主要从电源整体重量上来看。但是需要注意，现在很多小工厂为了提高电源的重量而刻意在电源添加水泥块。此时，用户在选购电源时，可以利用手机的手电筒功能，从电源的散热孔往里面仔细观察，是否有水泥块等重物存在。

图2-19

2.8 网络快速购选电脑

随着网络技术的快速发展，电脑硬件在市场中的价格越来越透明，许多网上商城或数码资讯网站都推出了网上装机服务，方便用户在网上选择各种电脑部件模拟装机，从而对整机的价格进行初步估算。当然，用户也可以直接在网上购买组装过的电脑。

2.8.1 京东商城自助装机

对于购买台式电脑的用户而言，有时品牌机并不能满足自己实际的需求，此时就需要自行组装一台电脑，这样不仅可以找到适合自己的配置，还能清楚把握每个电脑部件的价格，而京东商城就为用户提供了自助装机的服务。

直接选购他人的配置

在京东商城中，系统为用户提供了一些其他人推荐的配置，方便用户根据自己的需求和实际预算对配置做出评估与选择，从而确定是否直接购买该配置的部件，其操作方法如下。

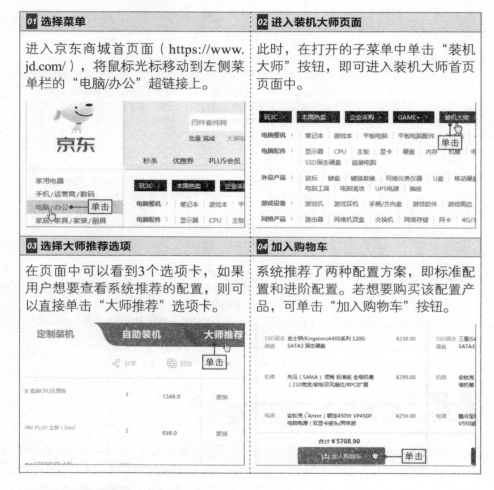

01 选择菜单	02 进入装机大师页面
进入京东商城首页面（https://www.jd.com/），将鼠标光标移动到左侧菜单栏的"电脑/办公"超链接上。	此时，在打开的子菜单中单击"装机大师"按钮，即可进入装机大师首页页面中。
03 选择大师推荐选项	04 加入购物车
在页面中可以看到3个选项卡，如果用户想要查看系统推荐的配置，则可以直接单击"大师推荐"选项卡。	系统推荐了两种配置方案，即标准配置和进阶配置。若想要购买该配置产品，可单击"加入购物车"按钮。

自助手动配置电脑

在京东商城中，所有有货的产品都可以根据当前显示的价格进行购买。用户在组装电脑时，可以根据自己的实际需求选择需要的配件，然后买回家手动组装，在京东商城手动配置电脑的操作如下。

01 进入自助装机选项卡

进入京东商城的装机大师首页页面中，然后在导航中单击"自助装机"选项卡。

02 更换CPU

在需要自定义选择的产品后单击"更换"按钮，如这里在CPU产品项后单击"更换"按钮。

03 选择目标CPU

此时，即可打开CPU选项列表，单击目标CPU选项后的"选用"按钮，即可快速更换CPU。，然后单击其右上角的"关闭"按钮关闭列表。

04 将配件加入购物车

将所有的配件都更换为自己需要的产品后，就可以单击页面右下角的"加入购物车"按钮对产品进行购买。

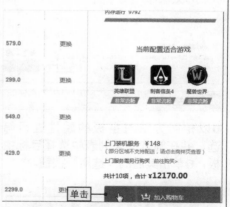

2.8.2　太平洋电脑网自助装机

　　太平洋电脑网是一家专业的IT门户网站，网站中包含多个频道，如产品报价、DIY硬件、产业资讯、数码相机以及软件频道等。在太平洋电脑网中，用户不仅可以查询到全国各地商家对不同硬件的报价，还可以自助选择装机配件进行模拟装机，其具体操作如下。

01 进入自动装机页面

进入太平洋电脑网（www.pconline.com.cn）首页页面，单击其右上角的"自助装机"超链接。

02 设置CPU筛选条件

在打开的页面中，默认选择"CPU"选项，在页面右侧的"CPU筛选条件"栏中设置筛选的条件。

03 选择CPU

在对CPU进行初步筛选后，就可以在其下方的列表框中选择需要的CPU选项，然后单击"选用"按钮即可。

04 选择主板

在页面上方的"请选择配件"栏中，单击"主板"按钮，即可对电脑的主板进行选择。

05 筛选主板

❶以相同方法对主板的属性进行筛选，并在筛选结果列表中选择目标主板，❷单击其后的"选用"按钮。

06 查看配件总价

以相同的方法选择其他主机硬件，此时在页面右侧的配置清单中可查看到选购的硬件与所有配件的总价格。

动手组装第一台电脑

学习目标

在了解电脑各硬件设备的功能与选购技巧并完成选购后，用户即可动手组装自己的第一台电脑。其实，电脑的组装并不复杂，但要确保组装的电脑可以正常稳定的运行，则需要按照一定的流程来进行。

知识要点

■ 准备好常用的组装工具
■ 准备必备的软件
■ 装机中的注意事项
■ 安装机箱
■ 安装电源

......

3.1 组装电脑前的准备工作

用户在开始组装一台电脑之前，需要提前做好一些准备工作，这样才能更好地处理装机过程中出现的突发问题，以便成功装机。

3.1.1 准备好常用的组装工具

　　用户想要顺利完成电脑的硬件组装，需要准备好必须的硬件组装工具，主要包括螺丝刀、尖嘴钳、镊子以及导热硅脂等。这些工具在装机时，可以起到不同的作用。

● **螺丝刀：** 又称为螺丝起子，是安装和拆卸螺丝钉的专用工具。电脑主机中使用的螺丝通常都是十字螺丝，需要使用到十字螺丝刀，如固定硬盘、主板以及机箱等配件；另外，Intel CPU的散热器材可能会使用到一字螺丝刀。通常情况下，螺丝刀顶端都带有磁性，以方便安装一些不能直接接触到的部位的螺丝，如图3-1所示。

● **尖嘴钳：** 又称为尖头钳，是一种运用杠杆原理的常见钳形工具，主要用来安装主板固定螺母、拔插跳线或拆卸机箱上的各种挡板，如图3-2所示。

图3-1　　　　　　　　　　　　　　　　　　图3-2

● **镊子：** 镊子是用于夹取块状药品、金属颗粒、毛发、细刺及其他细小东西的一种工具。在组装电脑时，镊子的主要作用是夹取螺丝钉、线帽和各类跳线，如硬盘跳线、主板跳线等，如图3-3所示。

● **导热硅脂：** 俗称散热膏，以有机硅酮为主要原料，添加耐热、导热性能优异的材料，制成的导热型有机硅脂状复合物。在组装电脑时，导热硅脂是安装风冷式散热器必不可少的辅助工具，主要用于填充各类芯片与散热器之间的缝隙，如CPU、显卡芯片等，从而可以更好地进行散热，保证电脑性能的稳定，如图3-4所示。

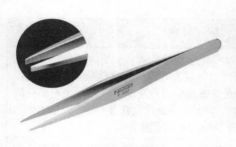

图3-3

图3-4

3.1.2 准备必备的软件

　　用户想要顺利完成电脑的组装操作，除了要准备好常用的装机工具外，还
需要准备好电脑操作系统的安装光盘或装机必备的软件光盘，常见的装机软件
如表3-1所示。

表 3-1　常见的装机软件

软件名称	详情
解压缩软件	解压缩软件主要用于对文件进行压缩与解压，常见的解压缩软件有 WinRAR、ZIP、2345 好压以及 360 压缩
视频播放软件	视频播放软件是指能播放以数字信号形式存储的视频的软件，大多数的视频播放器还能支持播放音频文件，常见的视频播放软件有暴风影音、QQ 影音、KMPlayer 以及迅雷看看等
音频播放软件	通常情况下，音频播放软件是指能播放以数字信号形式存储的音频文件的软件，常见的音频播放软件有 QQ 音乐播放器、酷我音乐盒、虾米音乐以及酷狗音乐等
输入法软件	输入法是指为将各种符号输入电脑或其他设备而采用的编码方法，同时是书写工具克服墨水限制的最终结果，是一种拥有无限墨水的书写工具，是文字生产力发展到一定阶段的产物。常见的输入法软件有搜狗拼音输入法、QQ 拼音输入法、万能五笔输入法以及王码五笔输入法等

续表

软件名称	详情
系统优化软件	系统优化可以尽可能减少电脑执行的进程，更改工作模式，删除不必要的中断让机器运行更有效，优化文件位置使数据读/写更快，空出更多的系统资源供用户支配，以及减少不必要的系统加载项及自启动项。常见的系统优化软件有360安全卫士、金山卫士、鲁大师以及 Windows 优化大师等
图像处理软件	图像处理软件是用于处理图像信息的各种应用软件的总称，常见的图像处理软件有 Photoshop 系列、光影魔术手、Ulead GIF Animator 以及 ACDSee 等
下载软件	下载软件通常可以帮助用户提高文件的下载速度，在下载中断后从中断的位置恢复下载，还可以对已下载的文件进行排序、分类等操作。常见的下载软件有迅雷、比特彗星、电驴以及 QQ 旋风等
杀毒软件	也称反病毒软件或防毒软件，是用于消除电脑病毒、特洛伊木马和恶意软件等电脑威胁的一类软件。常见的杀毒软件有瑞星杀毒、卡巴斯基、金山毒霸以及江民杀毒等
聊天软件	又称 IM 软件或 IM 工具，是指提供基于互联网络的客户端进行实时语音、文字传输的工具。从技术上讲，主要分为基于服务器的 IM 工具软件和基于 P2P 技术的 IM 工具软件，常见的聊天软件有 QQ、微信、Skype、阿里旺旺以及新浪等
办公软件	办公软件是指可以进行文字处理、表格制作、幻灯片制作以及简单数据库的处理等方面工作的软件。目前，办公软件朝着操作简单化，功能细分化等方向发展，常见的办公软件有 Word、Excel、PowerPoint 以及 Access 等

3.1.3　装机中的注意事项

在组装电脑之前，为了避免出现一些不必要的麻烦，用户还需要了解其相应的注意事项，如表3-2所示。

表 3-2　电脑组装过程中的注意事项

事项	详情
事项一	在组装电脑之前，用户应该洗手或用手摸一摸水管等接地设备，从而释放身体上的静电后再进行装机操作，防止静电对电子器件造成损害，条件允许的情况下可佩戴防静电手套

续表

事项	详情
事项二	在组装电脑的过程中，千万不要连接电源线，严禁带电插拔，以免烧坏芯片和部件
事项三	在安装 CPU 和内存等部件的过程中，注意部件的安装方向。在无法安装时，千万不要强行安装
事项四	在连接主板 IDE 接口的过程中，注意接口的安装方向
事项五	在组装电脑的过程中，用户的用力需要均匀，以免拉断一些较细的连线或损坏部件
事项六	在对各部件进行安装的过程中，要做到轻拿轻放
事项七	对于主板、光驱及硬盘等需要很多螺钉的部件，需要先将其固定在机箱中，然后对称的将螺钉拧上，最后将螺钉对称拧紧
事项八	在拧紧螺栓或螺母时，用力要适度。如果遇到阻力时，则需要立即停止操作。过度拧紧螺栓或螺母，可能会损坏主板或其他塑料部件

3.2 安装电脑内部设备

一台电脑的组装分为两大部分，分别是组装内部设备和组装外部设备。组装内部设备就是整个主机箱内各部件的组装，是电脑硬件组装过程中最复杂的部分，也是用户必须要小心对待的一个重要步骤。

3.2.1 安装机箱

在电脑组装工具和各配件都齐全的情况下，首先需要安装好机箱，然后再将其他部件安装到机箱中。安装机箱主要包含两个步骤，分别是安装主板定位螺丝和更换输出接口挡板，其具体操作如下。

01 安装主板定位螺丝

首先，取下机箱两侧的挡板，然后根据主板的布局，在机箱中安装主板的定位螺丝。

安装主板定位螺丝

02 更换输出接口挡板

主机箱背部默认有一块输出接口挡
板，将该输出接口挡板卸下，然后将
主板附赠的输出接口挡板安装在机箱
上原挡板的位置。

更换输出接口挡板

3.2.2 安装电源

　　电源的安装可以在其他部件都没有安装时安装到机箱中，也可以在其他部
件都安装到机箱中后再安装。另外，根据机箱设计的不同，电源的安装位置也
会有所差异。通常情况下，普通机箱的电源安装操作如下所示。

01 将电源放置到合适位置	**02 将电源固定在机箱中**
在机箱的电源安装位置将电源中带标签的一面朝向自己，然后从机箱内向外推入左上角的安装孔中。	在机箱背部可以看到4个螺丝孔，用4颗机箱螺丝将电源固定好，安装螺丝时用力要适中。

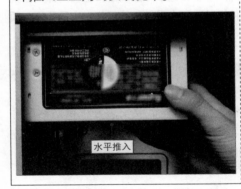

水平推入

固定螺丝

3.2.3 安装CPU及散热风扇

　　主板上部件的安装最好在机箱外进行，这样可以避免由于机箱狭窄的空
间影响CPU以及散热风扇的正常安装，下面以Intel CPU的安装为例来介绍相关
操作。

01 弹起CPU插槽上的金属盖

将主板水平放置于防静电的隔板上，然后下压CPU插槽的拉杆，并向外用力，即可将插槽的金属盖弹起。

向下后向右用力

02 将CPU放入插槽中

将CPU上的两个缺口对准插槽上的两个小梗，然后将CPU垂直放入插槽中，使得缺口与小梗完全重合。

对准缺口

03 将CPU牢牢卡在插槽中

盖上CPU插槽上弹出的金属盖板，然后轻轻用力下压插槽的拉杆，并向内用力，即可将拉杆卡入卡扣中。

向下后向左用力

04 在CPU表面涂抹导热硅脂

在CPU的表面（具有CPU产品说明的一面）涂上适量的导热硅脂，并将其涂抹均匀。

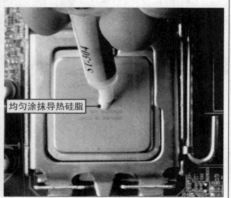

均匀涂抹导热硅脂

05 调整散热风扇定位螺柱的方向

取出CPU的散热风扇，然后利用一字螺丝刀对散热风扇上的4个定位螺柱的方向进行调整。

调整方向

06 固定散热器	07 安装CPU风扇
将散热风扇的4个定位螺柱对准主板上的4个定位孔，轻轻向下按螺柱顶部，在听到咔声后再重新调整定位螺柱的方向。	在主板的所有插座中，找到一个标有"CFAN"字样的4针插座，然后将CPU风扇的电源插头插入该插座中。此时，即完成了CPU及其散热风扇的所有安装。

调整方向

连接风扇电源

TIPS 散热器安装的注意事项

安装Intel CPU的散热器时，散热器需要水平放到CPU上，并且与CPU接触后尽量不左右晃动。由于散热器的4个螺柱是塑料材质，比较脆弱，千万不可用蛮力，如果感觉不能直接将其固定上，则可以在调整固定螺丝的方向后再试。

3.2.4 安装内存

完成CPU以及散热风扇的安装后，就可以开始在主板上安装内存。内存的安装相对比较简单，只需要对准插槽的位置即可，其具体操作如下。

01 打开内存插槽的卡扣

通常情况下，主板上的内存插槽会采用两种不同颜色来区分双通道和单通道。如果将两条规格相同的内存插入主板上相同颜色的内存插槽中，即可打开双通功能。首先选择要使用的内存插槽，然后用双手将内存插槽两端的卡扣分别向左右水平掰开。

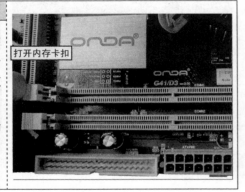

打开内存卡扣

02 将内存插入内存插槽中	03 固定内存
将内存上的缺口对准内存插槽上的小梗（方向千万不能放反），然后将内存垂直放入内存插槽中。	用双手的拇指按住内存两端，然后轻微均匀用力垂直向下压，听到"啪"的一声响后，即说明内存安装到位。
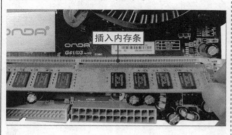	

3.2.5 安装主板

在主板上将CPU和内存安装完成后，就可以将主板安装到机箱中并固定起来，其具体操作如下。

01 将主板放入机箱内	02 将主板固定在机箱内
双手托平主板，并将其放入机箱中，观察机箱背面的挡板，并调整主板位置，将主板上所有输出接口对准挡板上的对应预留孔。	慢慢地调整主板，使主板上的各螺丝对准机箱底板上的螺柱，然后保持位置不变，拧紧机箱内部各个定位上的螺丝，将主板固定在机箱上。

3.2.6 安装硬盘

在电脑的三大主要部件（主板、CPU和内存）都安装完成后，就可以将硬盘固定到机箱的硬盘托架上。对于普通的机箱而言，用户只需要将硬盘放入机箱的硬盘托架上，并通过螺丝将其固定即可，其具体操作如下。

01 将硬盘放入硬盘托架中	02 固定硬盘上方螺丝
机箱上的硬盘托架具有相应的扳手，拉动扳手即可将硬盘托架从机箱上取下来。有些机箱的硬盘托架是固定在机箱上的，该托架上通常留有多个硬盘位置，根据需要选择要使用的位置，将硬盘水平插入安装位置中。	使硬盘上的两个螺丝孔与机箱上的两个螺丝孔对齐，然后将随机箱赠送的硬盘螺丝分别安装到相应的螺丝孔中并拧紧。

03 固定硬盘下方螺丝 在机箱另一侧，将硬盘对应位置的硬盘螺丝也拧紧，从而使硬盘更加稳固。此时，即可将硬盘安装在主机的固定位置。	

TIPS 正确安装硬盘

硬盘的外观虽然看起来比较"大气"，其实安装硬盘是需要非常小心的。拿硬盘时手应该尽量不接触硬盘底部电路板，如果手上有汗且接触到了底部的电路板，很有可能在电脑通电时烧坏硬盘。

3.2.7　安装光驱

DVD光驱和DVD刻录光驱的作用虽然不同，但它们的外观和安装方法还是基本相同的，其具体操作方法如下。

01 拆除光驱位的挡板	**02** 将光驱固定到机箱内
在电脑中安装光驱的方法与硬盘类似，首先根据机箱的构造选择光驱需要安装的具体位置，然后取下光驱位中的挡板。	将光驱从机箱正面水平推入光驱安装位中，直到光驱螺丝孔与机箱上的定位孔对齐为止，然后拧紧光驱侧面的螺丝即可。

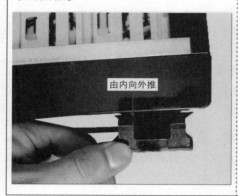

连接机箱内的数据线

主机中的一些设备是通过数据线与主板进行连接的，而这些数据线只有正确地连接到主板上，才能使整个电脑系统正常运行。

3.3.1　认识机箱内的各种数据线插头

在对各设备的数据线进行连接之前，首先需要对各种数据线插头进行认识，从而做出正确的连接操作。

● **主板电源：** 从电源上引出的最大的一个插头，由黄、红、橙、紫、蓝、白、灰、绿以及黑线材（包括开关、重启与LED灯针脚）组成。用于连接主板上各个硬件以提供电力支持，通常为24Pin（20+4Pin），插在主板上最大的一个电源插座中，如图3-5所示。

● **CPU电源：** 一般情况下，电脑电源都为CPU提供专用的供电插头，通常为4Pin，与主板电源的24Pin插头差不多，如图3-6所示。

图3-5

图3-6

● **SATA设备电源**：SATA设备电源的外观为扁平的L形插头，为SATA设备供电，如SATA硬盘、SATA光驱等。通常情况下，电脑的电源都具有多个SATA电源插头，如图3-7所示。

● **显卡电源**：对于一些大功率的电源而言，通常会提供显卡电源插头，该插头通常为6芯D形接口，主要为大功率显卡供电，从而确保显卡可以正常运行，如图3-8所示。

图3-7

图3-8

● **IDE设备电源**：IDE设备电源的外观为4芯的D形插头，专为IDE设备供电，如老式的IDE硬盘、IDE光驱等，如图3-9所示。不过，现在很少有电脑的电源还在使用这种接口。

● **软驱电源**：通常情况下，软驱电源为4芯扁平插头，在一些老电源上还存在这种插头，主要为早期的软盘驱动器供电，如图3-10所示。

图3-9

图3-10

● **电源按钮控制线**：电源按钮控制线的插头上通常标有"POWER SW"字样，不需要对其区分正负极，主要用于控制电脑电源的开关，长按电源按钮可以强制关机，如图3-11所示。

● **电源工作指示灯：** 电源工作指示灯的插头上通常标有"POWER LED"字样，需要对其区分正负极，当电脑开机后会长亮，如图3-12所示。

图3-11   图3-12

● **硬盘工作指示灯：** 硬盘工作指示灯的插头上通常标有"H.D.D LED"字样，需要对其区分正负极，当硬盘中有数据正在被读/写时会闪烁，如图3-13所示。

● **重启按钮控制线：** 重启按钮控制线的插头上通常标有"RESET SW"字样，不需要对其区分正负极，在电脑运行状态下按重启按钮，可对电脑进行强制性重启，如图3-14所示。

图3-13   图3-14

● **前置USB插头：** 一般情况下，机箱都会给用户提供一组前置USB连接线，前置USB插头为9孔8芯的长方形。其中，有一个角上的孔默认是堵住的，对应插座上也没有针脚，如图3-15所示。

● **前置音频插头：** 通常情况下，前置音频插头为9孔7芯正方形插头。同样，该插头有一孔默认是堵住的，对应插座上也没有插针，连接后可通过前面板直接与耳机和麦克风进行连接，如图3-16所示。

图3-15   图3-16

● **SATA数据线：** SATA数据线主要用于连接SATA设备，具有4芯L形插头，通常主板会为用户提供一条该数据线，以连接SATA硬盘或连接SATA光驱，如图3-17所示。

● **IDE数据线：** IDE数据线是一条很宽的并口数据线，具有40芯和80芯两种类型，主要用于连接早期的IDE硬盘或IDE光驱，如图3-18所示。

图3-17   图3-18

3.3.2   连接前面板控制和信号线

前面板控制和信号线包括较多的内容，如开关按钮控制线、重启按钮控制线、电源指示灯以及硬盘指示灯等。用户只要对各连接线的插头和对应针脚能清楚地识别，就可以快速对其进行连接，具体操作如下。

01 连接电源指示灯信号线	**02 连接硬盘工作指示连接线**
将电源指示灯信号线的插头（PWR LED）按正负极进行排序，在主板上找到标有"PWR_LED"字样的插针，然后将插头插入插针上。	然后以同样的方法，将硬盘工作指示连接线的插头（H.D.D LED）进行排序，并将其插入标有"HD_LED"字样的插针上。

03 连接电源按钮控制线	**04 连接重启按钮控制线**
将电源按钮控制线的插头（POWER SW）插入标有"PWR_ON"字样的针脚上。	将重启按钮控制线的插头（RESET SW）插入标有RST字样的针脚上。

05 连接前置USB数据线	06 连接前面板音频线
将USB插头插到标有"FUSB1"字样的插座上。	将SPK/MIC插头插到标有"F_AUDIO"字样的插座上。

右上角为缺角

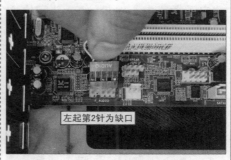

左起第2针为缺口

3.3.3 连接电源线和硬盘数据线

　　用户除了需要对前面板控制和信号线进行连接以外，还需要对各种电源线和数据线进行连接，具体操作如下。

01 连接主板电源线	02 连接CPU电源线
在电脑电源上将主板电源插头有卡扣的一侧对准插座上有卡扣的位置，用力压下插头上的卡扣，使其垂直接入插座中。	将另一个单独的4针插头（CPU插头），以同样的方法插到主板上的4针电源插座中，同时需要注意对准卡扣的方向。

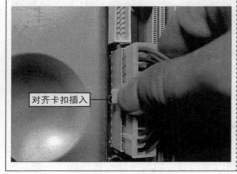

对齐卡扣插入

对齐卡扣插入

TIPS 插座与插头不匹配的情况

如果插座是20Pin，而电源插头是24Pin，则可以将电源插头的4Pin拆分开，再连接到其他插座上；如果插座是24Pin，而电源只有20Pin，则可以将插头有卡扣的一侧面向自己，以左侧为准插入插座，右侧4孔可以空着。

03 连接硬盘电源	04 连接硬盘数据线
在电脑电源上选择一个长度适中的SATA设备电源线，插入硬盘或者光驱的电源插座中，以带L的一头定位方向，注意不要将插头插反了。	在电脑电源上选择一条SATA数据线，将一端插入主板上的SATA接口中，另一端插入硬盘的SATA接口上。

L形拐角位置对齐

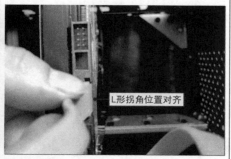

L形拐角位置对齐

05 整理内部走线	06 完成主机的整体组装
在主机中的所有线缆都连接完成后，需要对凌乱的线缆进行适当地整理，这样也有助于硬件散热。	在机箱上，分别将两块挡板安装在适当的位置，并拧紧固定挡板的螺丝，从而完成整个主机的组装。

整理走线

合上机箱盖子

3.4 安装电脑外部设备

完成主机内部硬件设备的安装与连接后，就可以将电脑主机与外部设备连接在一起，普通电脑使用的外部设备包括显示器、鼠标、键盘、音箱和麦克风等。

3.4.1 连接显示器

显示器是组装电脑必须要有的输出设备，它通过一条视频信号线与电脑主机的显卡输出接口连接。常见的显卡视频信号接口有VGA、DVI以及HDMI等，其具体连接方法如下。

01 将数据线与主机相连接	*02* 将数据线与显示器相连接
在主机背后找到显示器数据线插头所对应的显卡输出接口，然后将数据线的一端插头对准输出接口，并将插头垂直插到输出接口上。	顺时针扭动插头两端的螺丝，使其与输出接口牢牢结合，然后用相同的方法将数据线另一端与显示器背面的视频信号输入接口相连接。
 D口方向对齐	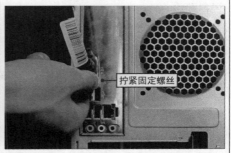 拧紧固定螺丝

3.4.2 安装键盘与鼠标

目前，组装电脑常用的鼠标和键盘的接口有两种，分别为PS/2接口与USB接口，而这两种设备的连接都非常简单，其具体操作如下。

01 将键盘插入主机输入接口中	*02* 将鼠标插入主机输入接口中
一只手扶住电脑主机，另一只手持PS/2键盘插头，并将插头中的最大针脚对准主机背后的键盘接口上的缺口，然后垂直插入键盘接口中。	如果鼠标的插头为PS/2，可以用同样的方法连接鼠标；如果鼠标的插头为USB，则可以将鼠标连接到主板任意USB接口上。
 注意缺口的位置	 通过USB接口连接鼠标

3.4.3 连接音频线

所谓的音视频线，主要包括耳机和麦克风两种线缆。为了能正常使用耳机或麦克风，用户需要将其与主板中对应的输出接口连接，其连接方法如下。

01 输出音频插入绿孔	**02 输入音频插入红孔**
在主板中有一个音频输出的绿色小圆孔，此时可以将音箱或耳机插头插入绿色孔中。	在主板中有一个音频输入的红色小圆孔，此时可以将麦克风插头插入红色孔中。
	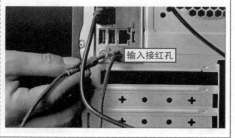

输出接绿孔   输入接红孔

TIPS 启动电脑前的检查工作

在电脑硬件连接完成后，不要急着连接电源并开机，最好是再仔细检查一遍，以避免电脑硬件被烧坏或出现其他意外情况，如表3-3所示。

表 3-3　启动电脑前需要进行的检查工作

检查事项	详情
事项一	检查电脑主板上的各个控制线的连接是否正确
事项二	检查电脑各硬件设备的安装是否牢固，如CPU、内存、显卡以及硬盘等
事项三	检查机箱中的各连接线是否理顺，是否搭在风扇上，避免卡住风扇而影响散热
事项四	检查机箱内是否有遗留的杂物。若有，及时清理干净
事项五	检查电脑外部设备是否连接牢固，如显示器、耳麦、麦克风以及音响等
事项六	检查电脑的数据线、电源线等线缆是否连接正确，以防止线路出现短路情况

安装与配置操作系统

学习目标

刚刚组装好的电脑不能进行任何操作，因为没有安装操作系统，这样的电脑被称为"裸机"。想要让电脑顺利完成各种任务，首先需要安装上适合自己的操作系统，并对其进行相关配置。

知识要点

- 认识硬盘中的常用术语
- 硬盘的分区类型
- 硬盘的分区表
- 硬盘分区的格式
- 新硬盘的格式化操作

......

4.1 硬盘的格式化操作

对于新购买的硬盘来说，首次使用前，都需要进行格式化后才可以正常使用，很多电脑新手此时就不敢随意进行操作，生怕把新买的硬盘弄坏了。其实，硬盘格式化并没有那么可怕，下面我们就来了解一下硬盘格式化的相关知识与操作。

4.1.1 认识硬盘中的常用术语

用户想要正确操作硬盘并对其中的数据进行管理，必须要先认识硬盘中的常用术语，硬盘盘片的结构如图4-1所示。

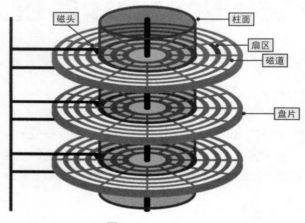

图4-1

● **盘片：** 硬盘中一般会有多个盘片，每个盘片包含两个面，每个盘面都对应的有一个读/写磁头。不过，受到硬盘整体体积和生产成本的限制，盘片数量一般都在5片以内，其编号自下向上从"0"开始。其中，盘片是以坚固耐用的材料为盘基，将磁粉附着在铝合金圆盘片的表面上，表面被加工得相当平滑。

● **磁道：** 当磁盘旋转时，磁头如果保持在一个位置上，则每个磁头都会在磁盘表面划出一个圆形轨迹，这些圆形轨迹则称为磁道。磁盘上的信息便是沿着这样的轨道存放的，在同一个盘片上，磁道按从外向内的顺序被依次编号，如"0磁道"、"1磁道"、"2磁道"……。

● **柱面：** 在硬盘中，当所有盘面上的同一磁道构成一个圆柱，称作柱面。数据的读/写按柱面从外向内进行，而不是按盘面进行。数据定位时会遵循相关顺序，首先确定柱面，然后确定盘面，再确定扇区，最后所有磁头一起定位到指定柱面，并旋转盘面使指定扇区位于磁头之下。在对硬盘进行分区时，各个分区同样以柱面为单位来划分。

● **扇区：** 硬盘的内部圆形金属盘片被磁道划分成若干个扇形区域，这就是硬盘扇区。若干个扇区就组成整个盘片，硬盘的读/写以扇区为基本单位，每个扇区可保存512Byte的数据。

● **簇：** 由于操作系统无法对数目众多的扇区直接寻址，所以系统将盘片上相邻的几个扇区组合起来，这就形成了一个簇，然后对簇进行管理。每个簇可以包含2、4、8、16、32或64个扇区，但同一个簇中只能存放一个文件，而不在乎文件的大小。

4.1.2 硬盘的分区类型

硬盘分区实质上是对硬盘的一种格式化，然后才能使用硬盘保存各种信息。通常情况下，一块硬盘中可能出现4种分区类型，分别是主分区、扩展分区、逻辑分区和活动分区，其具体介绍如表4-1所示。

表 4-1 硬盘的 4 种分区类型

类型名称	含义
主分区	主分区也称为主磁盘分区，该分区中不能再划分其他类型的分区，所以每个主分区都相当于一个逻辑磁盘。一个硬盘的主分区包含操作系统启动所必需的文件和数据，要在硬盘上安装操作系统，则硬盘必须有一个主分区
扩展分区	严格来讲，扩展分区不是一个实际意义上的分区，它仅仅是一个指向下一个分区的指针，这种指针结构将形成一个单向链表。简单来说，在 DOS 分区中，扩展分区是除了主分区以外的另一种分区类型，是主分区的一种扩展
逻辑分区	逻辑分区是硬盘上一块连续的区域，由于扩展分区不能直接进行使用，所以需要将其分成一个或多个逻辑分区，才能被操作系统识别和使用。一个硬盘上最多可以有 4 个主分区，而扩展分区上可以划分出多个逻辑分区
活动分区	活动分区是基于主分区的，磁盘分区中的任意主分区都可以设置为活动分区。如果电脑上 4 个主分区都安装了不同的系统，那被标记为活动分区的主分区将用于初始引导，即启动活动分区内安装的系统

4.1.3 硬盘的分区表

用户在使用电脑时，可能会因为异常操作或者病毒侵袭导致硬盘的某个分区消失或无法启动，出现这种情况的主要原因是硬盘分区表损坏。硬盘分区表可以说是支持硬盘正常工作的骨架，操作系统通过分区表把硬盘划分为多个分区，然后在每个分区里面创建文件系统，写入数据文件。其中，硬盘分区初始化的格式包括MBR和GPT两种。

1.MBR分区表

MBR（全称Master Boot Record）被称为主引导记录，又叫作主引导扇区，是电脑开机后访问硬盘时必须要读取的首个扇区，它在硬盘上的三维地址为柱面、磁头和扇区，即（0，0，1）。

MBR是由分区程序所产生，不依赖于任何操作系统，而且硬盘引导程序也可以改变，从而能够实现多系统引导。从主引导记录的结构可以知道，MBR分区表将分区信息保存到磁盘的第一个扇区中的64个字节中，每个分区信息需要16个字节，所以MBR最多只能支持4个主要分区。其中，MBR主要保存有活动状态标志、文件系统标识、起止柱面号、磁头号、扇区号、隐含扇区数目以及分区总扇区数目等内容，如图4-2所示。

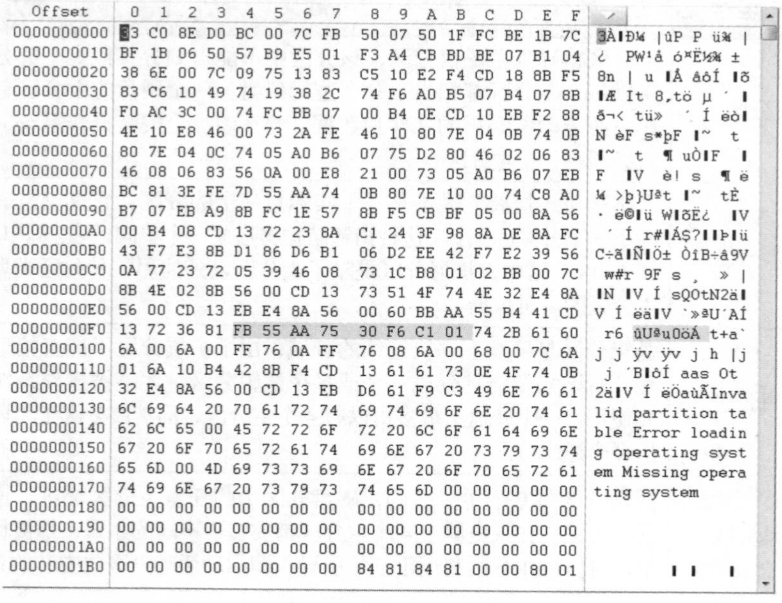

图4-2

另外，扩展分区也是主分区的一种，但它在理论上可以划分为无数个逻辑分区，每一个逻辑分区都有一个和MBR结构类似的扩展引导记录（EBR）。在MBR分区表中最多4个主分区或者3个主分区和1个扩展分区，也就是说扩展分区只能有一个，然后可以再细分为多个逻辑分区。

2.GPT分区表

GPT（全称为GUID Partition Table）是全局唯一标识分区表，是一个实体硬盘的分区结构。它是可扩展固件接口标准（EFI）的一部分，用来替代BIOS中的主引导记录分区表。由于MBR分区表只支持容量小于2.2TB的分区，所以部分BIOS系统为了支持大容量硬盘，而使用GPT分区表代替MBR分区表。

在GPT硬盘中，分区表的位置信息存储在GPT头中。为了避免出现兼容性问题，通常还是会将硬盘的第一个扇区用作MBR，之后才是GPT。

与MBR磁盘分区相比，GPT磁盘分区支持最大为18EB（1EB=1048576TB），且每磁盘的分区数没有上限，只受到操作系统限制。另外，在GPT硬盘中会将至关重要的数据存于分区，而不是存于非分区或隐藏扇区，同时还会通过备份分区表来提高分区数据结构的完整性。

4.1.4　硬盘分区的格式

硬盘在出厂前后，必须经过低级格式化、分区和高级格式化3个处理步骤后，才能用来存储数据。其中，硬盘的低级格式化是由生产厂家完成，目的是划定磁盘以提供使用的扇区和磁道并标记有问题的扇区；用户在拿到硬盘后，需要使用电脑操作系统所提供的磁盘工具（如fdis、format等程序）对硬盘进行分区和格式化。目前，Windows操作系统中常用的分区格式有4种，分别是FAT16、FAT32、NTFS和exFAT，具体介绍如表4-2所示。

表4-2　硬盘的4种分区格式

格式名称	含义
FAT16	FAT16分区格式采用16位的文件分配表（记录文件所在位置的表格），其单个分区最大支持2GB，从DOS到Windows系统都兼容这种格式。不过，该格式有一个较大的缺点，即磁盘利用效率低。因为在DOS和Windows系统中，磁盘文件的分配是以簇为单位，一个簇只分配给一个文件使用，不管这个文件占用整个簇容量的多少。即使是一个很小的文件，也要占用了一个簇，剩余的空间便全部闲置在那里，造成磁盘空间的浪费

续表

格式名称	含义
FAT32	FAT32 分区格式是 FAT16 分区格式的升级版，采用 32 位的文件分区表。在分区不超过 8GB 时，每个簇容量为 4KB，大大减少了磁盘的浪费，提高了磁盘的利用率。不过此种分区格式也有缺点，首先是采用 FAT32 格式分区的磁盘，由于文件分配表的扩大，运行速度比采用 FAT16 格式分区的磁盘要慢。另外，该分区格式不支持大于 4GB 的单个文件
NTFS	NTFS 分区格式是 Windows 7 及以后的系统中必须采用的分区格式。在这种分区中单文件没有 4GB 的大小限制，并且它能对用户的操作进行记录，在数据稳定性和安全性方面也有很大提高。另外，NTFS 分区格式采用了更小的簇，可以更有效率地管理磁盘空间
exFAT	exFAT 分区格式是 Microsoft 在 Windows Embeded 6.0 中引用的一种适合于闪存（U 盘、SSD 硬盘等）的文件系统，增强了台式电脑与移动设备的互操作能力，单文件大小最大可达 16EB。不过，此种分区格式对 Windows 版本的要求非常高

TIPS Linux分区格式介绍

在Linux操作系统中，主要有4种分区格式，分别是Ext2、Ext3、Swap和VFAT。

Ext2是Linux系统中标准的文件系统，也是Linux中使用最多的一种文件系统，拥有极快的速度和极小的CPU占用率。其中，Ext2既可以用于标准的存储设备（如硬盘），也可以应用到移动存储设备上；

Ext3是Ext2的升级版，是一种日志式文件系统，可以将整个磁盘的写入动作完整地记录在磁盘的某个区域上，以便有需要时回溯追踪；

Swap是Linux中一种专门用于交换分区的文件系统，其交换分区是主内存的2倍。在内存不够时，Linux会将部分数据写到交换分区上；

VFAT（长文件名系统）是一个与Windows系统兼容的Linux文件系统，支持长文件名，可以作为Windows与Linux交换文件的分区。

4.1.5 新硬盘的格式化操作

在对硬盘分区的基本知识有所了解后，用户就可以对新硬盘进行格式化操作了。对新硬盘进行分区的方法很多，用户可根据实际情况选择合适的分区工具，其具体介绍如下。

1.使用DiskGenius工具分区

DiskGenius是一款硬盘分区及数据恢复软件，最初是在DOS版的基础上开发来的。目前，DiskGenius是使用较多的一款硬盘分区工具，在很多系统安装盘或维护软件中都内置了该工具，其具体分区操作如下。

01 开始新建分区	02 创建硬盘的第一个分区
选择一张内置有DiskGenius工具的系统维护光盘，使用该光盘启动电脑，并进入DiskGenius工作界面，在工具栏中直接单击"新建分区"按钮。 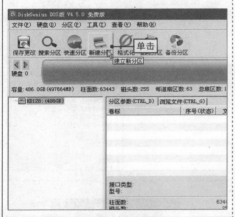	❶在打开"建立新分区"的对话框中选中"主磁盘分区"单选按钮，❷选择文件系统类型，❸输入系统分区的大小，❹单击"确定"按钮。 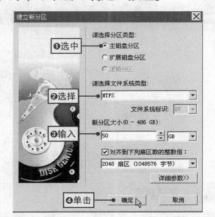
03 继续创建分区	04 创建硬盘的扩展分区
此时，即可完成第一个分区的创建。返回主界面中，❶在"硬盘"栏中选择未创建的分区，并在其上右击，❷选择"建立新分区"命令。 	❶在打开"建立新分区"的对话框中选中"扩展磁盘分区"单选按钮，❷将硬盘容量的剩余大小全部设置为新分区大小的值，❸单击"确定"按钮。 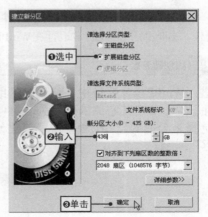

05 创建硬盘的第二个分区

❶在主界面中选择新建的"空闲"分区选项，❷单击"新建分区"按钮，❸选择"逻辑分区"单选按钮，❹选择文件系统类型，❺在打开的对话框中设置第二个分区的大小，单击"确定"按钮。

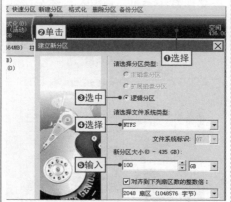

06 创建硬盘的其他分区

以同样的方法创建其他分区，完成后在主界面中单击"保存更改"按钮（或者直接按【F8】键），即可保存对分区表的更改。

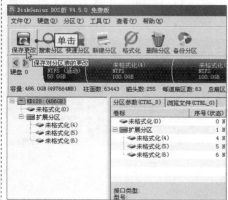

07 开始新建分区

在打开的提示对话框中，依次单击"是"按钮，从而确认保存分区和格式化分区。

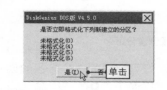

2.使用分区助手工具分区

分区助手是一款专业级的无损分区工具，提供简单、易用的磁盘分区管理操作。分区助手工具通常运行在WinPE环境下，其具体的分区操作如下。

01 开始创建分区

进入WinPE操作系统中，启动分区助手软件，❶在其右侧的磁盘列表框中选择未分配的空间，❷单击"创建分区"按钮。

02 创建硬盘的第一个分区

❶在打开"创建分区"的对话框的
"大小与位置"栏中拖动圆形控
制点调整分区大小，将其设置为
"50.01GB"，❷单击"确定"按钮。

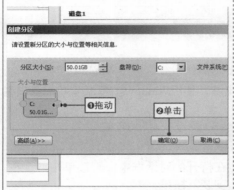

03 创建逻辑分区

选择未分配的分区，继续执行"创建
分区"命令，❶输入分区的大小，❷在
"创建为"下拉列表中选择"逻辑分
区"选项，❸单击"确定"按钮。

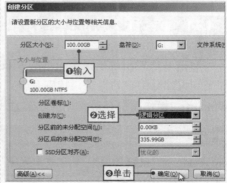

04 完成其他分区的创建

以同样的方法将剩余的空间划分为两
个逻辑分区，完成后返回到软件主界
面中，确认分区创建无误后单击"提
交"按钮。

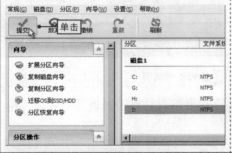

05 格式化分区

❶在打开的"等待执行的操作"对话
框中单击"执行"按钮，❷在打开的
提示对话框中单击"是"按钮完成分
区操作。

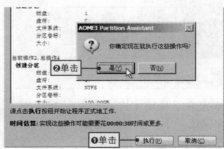

06 将分区设置为活动分区

❶在主分区上右击，❷选择"高级操作
/设置成活动分区"命令，再次提交操
作即可。

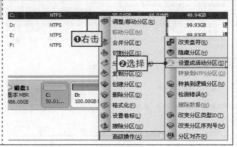

4.2 *Windows操作系统的常规安装*

用户想要使用电脑来实现相关操作,首先需要安装操作系统。目前,常用的操作系统有 Windows 7和Windows 10两种,而操作系统的安装方法也有很多种,下面我们就来了解一下相关的安装操作。

4.2.1 全新安装Windows 7操作系统

目前,虽然出现了很多版本的Windows操作系统,但是Windows 7操作系统却受到大部分用户的青睐,特别是台式电脑,使用Windows 7原版安装光盘安装Windows 7操作系统是最常见的安装方式,其具体操作如下。

01 开始新建分区	02 准备安装系统
将Windows 7系统的原装光盘放入光驱中,并从光驱引导系统,自动进入安装界面,直接单击"下一步"按钮。	在打开的对话框中,直接单击"现在安装"按钮。
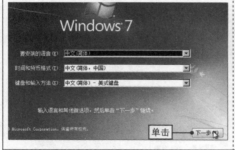	
03 同意许可条款	04 选择安装类型
❶选中"我接受许可条款"复选框,❷单击"下一步"按钮。	在打开的对话框中选择"自定义(高级)"选项。
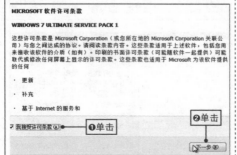	

05 启动驱动器高级选项

在打开对话框中单击"驱动器选项（高级）"超链接。

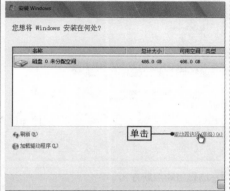

06 创建第一个分区

❶选择未分配的磁盘选项，❷单击"新建"超链接，❸输入分区大小，❹单击"应用"按钮。

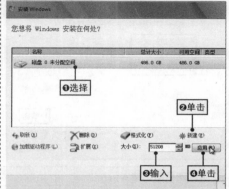

07 创建第二个分区

❶继续选择未分配的空间，❷单击"新建"超链接，❸输入分区大小，❹单击"应用"按钮，创建第二个分区。

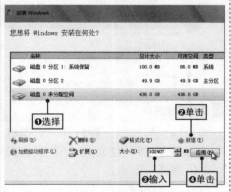

08 选择系统安装的位置

以同样的方法创建其他分区，❶选择用户创建的第一个分区，❷单击"下一步"按钮开始安装系统。

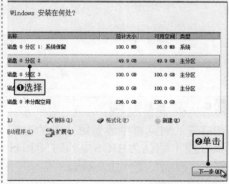

TIPS 额外的100MB分区

如果我们选择使用Windows 7原版安装光盘创建分区，则在新建第一个分区时，系统会提示用户将创建一个系统保留分区，该分区占用100MB空间，主要用于保存系统引导信息，该部分空间在Windows系统下不可见。

09 设置用户名称

此时，操作系统将自动进行安装，安装完成后将重新启动，❶在打开的对话框中输入用户账户名称，❷单击"下一步"按钮。

10 跳过用户密码设置

在打开的对话框中设置密码（此处设置密码后，在登录操作系统时需要输入该密码）或者不进行任何输入，直接单击"下一步"按钮。

11 跳过产品密钥输入

在打开的对话框中输入随系统光盘一起购买的产品序列号，单击"下一步"按钮，或单击"跳过"按钮）。

12 选择自动更新方式

在打开的对话框中，直接单击"以后询问我"超链接（也可以选择其他更新方式）。

13 确认系统日期与时间

在打开的对话框中设置好当前的时间和日期（默认为BIOS中的时间和日期），单击"下一步"按钮。

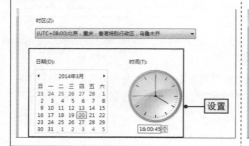

14 选择网络环境

如果电脑已经连网，在打开的对话框中会要求选择网络环境，这里选择"家庭网络"选项。

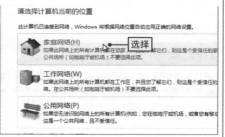

15 打开"个性化"窗口	16 打开"桌面图标设置"窗口
此时，电脑桌面上只有一个"回收站"图标。如果需要添加其他系统图标，❶在桌面空白处右击，❷选择"个性化"命令。	在打开"个性化"的窗口左侧的列表中单击"更改桌面图标"超链接。
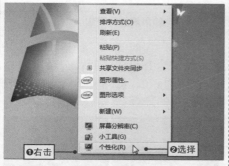	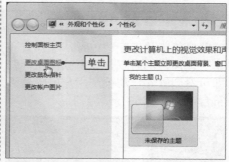
17 选择需要显示的系统图标	18 查看系统图标显示效果
在打开"桌面图标设置"的对话框中选中需要显示的系统图标对应的复选框，然后单击"确定"按钮。	关闭"个性化"窗口，返回到桌面中，即可查看到添加的图标。
	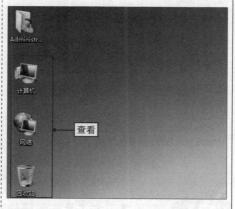

4.2.2 Windows 7系统升级为Windows 10系统

　　由于Windows 10系统的原装光盘安装方式与Windows 7系统的原装光盘安装方式基本相同，所以这里就不再详细介绍。其实，想要使用Windows 10系统，不一定非得从头开始安装，如果电脑之前使用的是Windows 7系统，可以直接将其升级为Windows 10系统。

为了达到推广Windows 10系统的目的，微软与百度进行了战略合作，百度随之推出了"Windows 10直通车"帮助中国互联网用户便捷地下载和安装Windows 10系统，为用户提供安全和无缝的Windows 10升级体验。使用"Windows 10直通车"软件升级Windows 10系统的具体操作如下。

`01` **检测电脑是否满足升级条件**	`02` **开始对电脑系统进行升级**
下载最新版的百度"Windows 10直通车"软件，然后双击运行软件图标，即可看到软件自动检测用户电脑是否符合Windows 10的升级要求。	耐心等待一段时间后，如果检测出当前电脑符合升级要求时，则单击"一键升级"按钮，即可开始Windows 10操作系统的升级。

`03` **完成系统升级操作**

此时，软件会自动进入系统文件的下载和安装过程，用户只需要按照相应提示进行操作，即可轻松完成Windows 10的升级。

4.2.3 **利用第三方工具安装操作系统**

随着U盘、移动硬盘等外部存储设备的发展，光驱的利用率越来越低，所以现在很多电脑都不再配置光驱。另外，电脑光驱损坏也无法使用光盘安装操作系统。此时，用户就可以借助第三方工具来安装操作系统，如使用U盘或移动硬盘安装等。这里我们以"老毛桃"制作U盘启动并安装操作系统为例来介绍相关操作。

01 下载第三方安装工具

在老毛桃官网中（http://www.laomaotao.org.cn/）下载安装包到电脑桌面上，通过双击运行安装包。

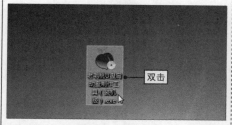

02 自定义安装软件

打开老毛桃软件的安装界面，直接单击"自定义安装"按钮。

03 设置软件的安装位置

❶在"安装到："文本框中设置程序存放路径，❷单击"下一步"按钮。

04 等待软件的安装

随后程序将进入安装状态，只需要耐心等待其自动安装操作完成即可。

05 完成软件的安装

程序安装完成后，单击"立即体验"按钮即可运行U盘启动盘制作程序。

06 一键制作U盘启动

打开老毛桃U盘启动盘制作工具后，将U盘插入电脑的USB接口，程序会自动扫描，❶选择用于制作的U盘，❷单击"一键制作"按钮。

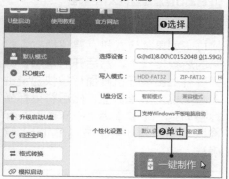

07 忽略警告信息

此时程序会打开一个警告信息窗口，在确认已经将重要数据做好备份的情况下，单击"确定"按钮。

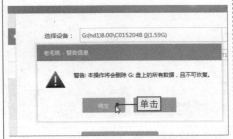

08 开始制作U盘启动

程序就开始制作U盘启动盘，整个过程可能需要几分钟，在此期间切勿进行其他操作。

09 成功制作U盘启动

U盘启动盘制作完成后，程序会打开一个窗口，提示"制作启动U盘成功。要用'模拟启动'测试U盘的启动情况吗？"，为了测试U盘启动盘是否制作成功，单击"是"按钮。

10 启动U盘启动盘的计算机模拟器

启动"计算机模拟器"后就可以看到U盘启动盘在模拟环境下的正常启动界面，然后按【Ctrl+Alt】组合键释放鼠标，最后可以单击右上角的关闭图标退出模拟启动界面。

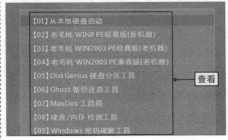

11 启动U盘启动盘进入PE界面

将制作好的启动U盘插入电脑的USB接口（如果是台式机，建议插在主机箱的后置接口），然后开启电脑，等到屏幕上出现开机画面后按快捷键进入老毛桃主菜单页面，然后将鼠标光标移动到"【02】老毛桃WIN8 PE标准版（新机器）"，按【Enter】键确认。

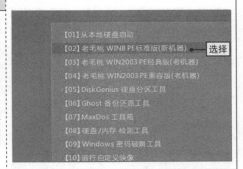

12 运行PE装机工具

进入PE系统后，❶双击打开桌面上的老毛桃PE装机工具，❷在"映像文件路径"文本框后单击"浏览"按钮。

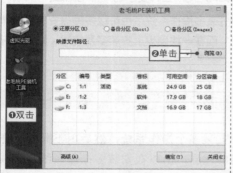

13 添加操作系统的镜像文件

打开"打开"对话框，❶在其中选择选择U盘启动盘中的Windows 7系统ISO镜像文件，❷单击"打开"按钮。

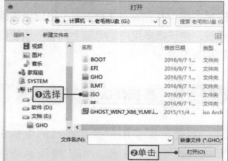

14 选择安装盘

返回到老毛桃PE装机工具，在分区列表中选择C盘作为系统盘，单击"确定"按钮。

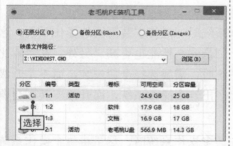

15 确认执行还原操作

程序会弹出一个询问框，提示用户即将开始安装系统。确认还原分区和映像文件无误后，单击"确定"按钮。

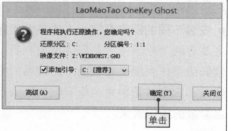

16 U盘安装操作系统

完成上述操作后，程序开始释放系统镜像文件，安装Ghost Win 7系统。只需耐心等待操作完成并自动重启电脑即可。

4.3 多操作系统的安装与设置

所谓的多操作系统，就是在一台电脑中安装两个及两个以上的操作系统，可以在不同的操作系统中完成相同或不同的任务或应用，以满足用户各种要求的一种电脑工作方式。

安装多操作系统的方式有很多，可以单硬盘安装多操作系统，也可以多硬盘安装多操作系统。由于很多用户的电脑上只有一块硬盘，而在一块硬盘上安装多系统时，则需要进行相关设置。

4.3.1 多操作系统的安装原则

目前，很多用户会在自己的电脑中安装多个操作系统，然后用不同的操作系统进行不同的工作。由于操作系统间的差异，所以在安装多操作系统前必须遵循一定的原则，才能保证多操作系统的顺利安装和使用。

● **合理进行硬盘分区：** 在安装多操作系统之前，需要对硬盘进行合理的分区，尽量做到既不浪费磁盘空间，也不要出现空间不够使用的情况。另外，分区的文件系统格式也要注意，如果是安装Windows 7操作系统，最好使用NTFS的文件系统。

● **安装不同的操作系统：** 在安装多操作系统时，最好安装不同的操作系统。这主要有两个原因：一是安装更加容易；二是安全性能也更高。另外，在版本比较低的操作系统上安装版本比较高的系统时，需要选择全新安装，而不是升级安装。这主要是因为全新安装是电脑上多出一个操作系统，而升级安装则会覆盖原来的操作系统。

● **在不同分区安装多个操作系统：** 在安装多操作系统时，尽量将每个操作系统安装在独立的硬盘或分区中，这样就不会出现文件之间冲突的情况。若两个系统安装在一个分区，可能因为文件冲突，导致两个操作系统都无法正常工作。

● **按照从低到高的顺序安装：** 在安装操作系统时，先安装较低版本的系统，再安装较高版本的系统。这是一项非常基本的原则，对用户来说按照这个顺序安装操作系统，可以省去很多麻烦。

● **安装Windows以外的操作系统：** 如果需要安装Windows和Linux双系统，对于它们之间的双重启动配置来说，应该先安装Windows，并为Linux保留所需要的磁盘分区。

4.3.2　合理进行硬盘分区

　　为了可以顺利完成多操作系统的安装，用户可以在原有硬盘分区的基础上为新系统划分一个独立的空间，并将其设置为主分区，具体操作方法如下。

01 通过光盘进入分区工具软件中

使用带有分区工具的光盘启动电脑，在打开的界面中选择"DiskGen4.5分区工具（推荐）"选项。

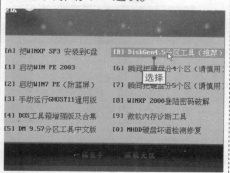

02 打开"调整分区容量"对话框

❶在打开的软件主界面中选择原系统所在分区选项，❷单击"分区"菜单项，❸选择"调整分区大小"命令。

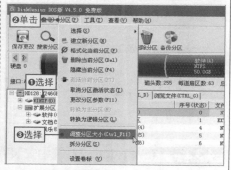

03 设置分区容量

打开"调整分区容量"对话框，❶在"分区后部的空间"文本框中输入划分的空间大小，❷单击其右侧的下拉按钮，❸选择"建立新分区"选项。

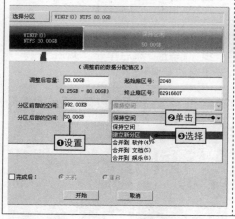

04 开始调整分区容量

❶单击"开始"按钮，❷在打开的提示对话框中直接单击"是"按钮，此时系统将开始调整分区大小。

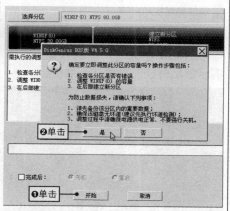

05 将分区转换为主分区	06 保存设置
单击"完成"按钮关闭对话框并返回到主界面中，❶在新划分出来的分区上右击，❷在弹出的快捷菜单中选择"转换为主分区"命令。	在主界面中单击"保存更改"按钮，在打开的提示对话框中直接单击"是"按钮完成设置，然后重新启动电脑。

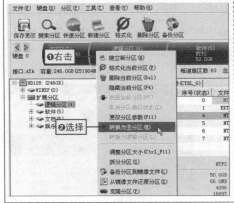

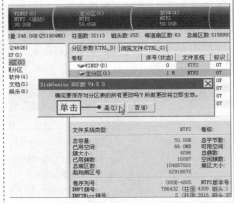

4.3.3   在Window 7系统中安装Windows 10系统

    大多数时候因为工作的需求，用户需要在电脑上安装Windows 7系统，但有的用户想要体验Windows 10系统。此时，最好的方式就是在安装好Windows 7系统并调整好分区后，使用原版光盘直接安装Windows 10系统，具体操作如下。

01 通过光盘启动电脑	02 进入Windows安装程序
调整硬盘分区，将Windows 10原版光盘放入光驱并启动，电脑屏幕上出现提示信息时按任意键从光盘引导。	在打开的安装向导对话框中单击"下一步"按钮，然后单击"现在安装"按钮启动安装程序。

03 输入产品密钥

打开"输入产品密钥以激活Windows"对话框，❶在文本框中输入正确的安装密钥（在原版光盘的包装盒内可以找到），❷单击"下一步"按钮。

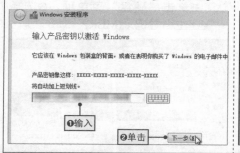

04 同意许可条款

打开"许可条款"对话框，阅读列表框中的条款内容，❶在其下方选中"我接受许可条款"复选框，❷单击"下一步"按钮。

05 选择自定义安装

打开"你想执行哪种类型的安装？"对话框，选择"自定义：仅安装Windows（高级）"选项。

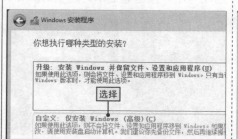

06 选择安装位置

在打开的对话框中选择系统安装的位置，这里选择"分区2"选项，然后单击"下一步"按钮。

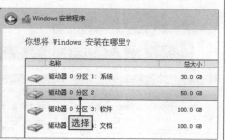

07 安装完成

随后，系统将会进行自动安装。安装完成后，电脑再次启动时就可以对需要使用的系统进行选择。

4.3.4 修复Windows 7的引导功能

在Windows 7系统中安装Windows 10系统后，可能会出现Windows 7系统无法正常启动的情况。此时就需要对Windows 7系统启动引导修复，最常用的方式是通过原版安装光盘来进行，其具体操作如下。

01 激活当前分区	02 重建主引导记录
通过任意方式启动分区工具，❶在Windows 7所在的分区选项上右击，❷选择"激活当前分区"命令。	在打开的对话框中单击"是"按钮确认，❶单击"硬盘"菜单项，❷选择"重建主引导记录(MBR)"命令。
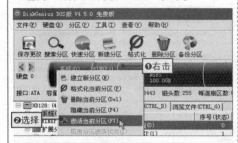	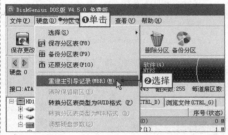
03 确认建立新的主引导记录	04 从原装光盘启动电脑
在打开的提示对话框中，依次单击"确定"和"是"按钮完成操作。	将Windows 7原版安装光盘放入光驱并启动电脑，按任意键从光盘引导。
	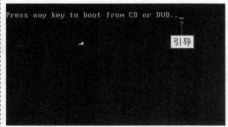
05 进入系统恢复选项中	06 开始修复电脑
在打开的窗口中单击"下一步"按钮，然后在进入的窗口中直接单击左下角的"修复计算机"超链接。	此时，系统将自动查找启动过程中存在的问题。当找到问题后，单击"修复并重新启动"按钮进行修复即可。

4.4 系统自带的还原

Windows操作系统自带有备份还原功能，在操作电脑时经常会无意中丢失一些数据或者做出一些错误操作，此时就可以使用系统备份还原功能，并且不用下载其他第三方软件。

4.4.1 开启自动还原功能

    Windows操作系统自带的系统备份和还原工具可以自动创建还原点，帮助用户在需要的时候选择还原点进行系统还原。默认情况下，备份和还原工具并没有启用，此时需要手动开启自动还原功能。

01 打开"系统"窗口	02 打开"系统属性"对话框
❶在桌面上的"计算机"图标上右击，❷选择"属性"命令。	打开"系统"窗口，在其左侧单击"系统保护"超链接。
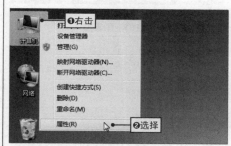	
03 配置还原设置	**04 开启自动还原功能**
❶在打开的对话框的"系统保护"选项卡中选择"WIN7（C：）"选项，❷单击"配置"按钮。	在打开的对话框中选中"还原系统设置和以前版本的文件"单选按钮，单击"确定"按钮即可完成操作。
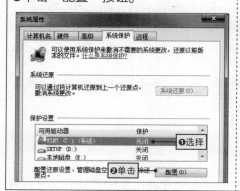	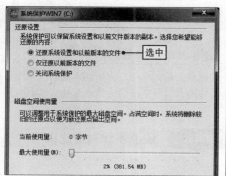

4.4.2　创建还原点

开启系统的还原功能后，Windows系统就会在特定的时间创建还原点。当然，用户也可根据实际需要手动创建还原点，以供还原系统时使用，其具体操作如下。

01 打开"系统保护"对话框	02 输入还原点的描述内容
❶在"系统属性"对话框中的"系统保护"选项卡中选择"WIN7（C:）"选项，❷单击"创建"按钮。	打开"系统保护"对话框，❶在"创建还原点"文本框中输入创建还原点的描述，❷单击"创建"按钮。

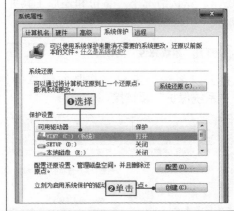

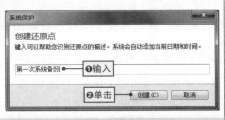

TIPS　创建还原点的注意事项

选择"Win7（C:）"选项是要为系统所在的磁盘创建还原点，也可选择其他的盘符创建还原点。

03 开始创建还原点	04 还原点创建完成
此时，系统将开始创建还原点，用户需要耐心等待一段时间。	创建完成后，在打开的对话框中单击"关闭"按钮即可。

TIPS　还原点命名的特点

还原点创建完成后，将自动以当前的系统日期和时间命名，描述内容最好说明本次还原点的特点，以便在日后进行还原操作时更容易识别。

4.4.3　还原系统到指定日期

还原点创建完成后，当系统出现故障且无法通过简单的设置对其进行修复，可以使用还原功能将系统还原到正常的工作状态。

---

01 打开"还原系统文件和设置"对话框

打开"系统属性"对话框，在"系统保护"选项卡中单击"系统还原"按钮。

02 打开"系统还原"对话框

打开"还原系统文件和设置"对话框，单击"下一步"按钮。

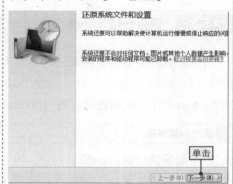

---

03 选择还原时间

打开"系统还原"对话框，❶选择将计算机还原到指定日期选项，❷单击"下一步"按钮。

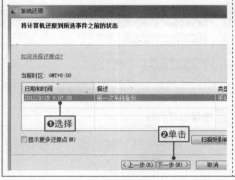

04 确认还原点

打开"确认还原点"对话框，单击"完成"按钮系统自动注销当前账户并开始还原。

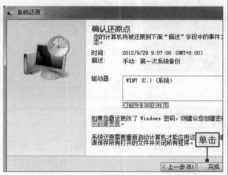

SKILL 设置让还原点占用空间

由于为系统创建还原点需要占用一定的磁盘空间，此时可以设置还原点文件占用的最大磁盘空间。这样在创建了多个还原点文件后，如果超出设置的最大磁盘空间，系统就会自动删除旧的还原点文件，为新还原点文件腾出空间，如图4-3所示。

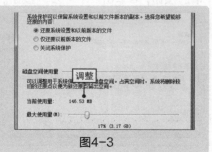

图4-3

4.5 一键Ghost备份与还原系统

利用一键Ghost工具可以备份电脑的操作系统，并在系统出现问题时一键还原系统，使系统恢复到原来备份的正常状态。

4.5.1 安装一键Ghost

Ghost软件是系统备份和还原最常用的工具，可对整个磁盘或单个分区快速进行文件备份和还原。不过，在使用Ghost备份和还原系统前，首先需要安装相关的Ghost软件，我们就以安装一键Ghost为例，来介绍相关操作。

01 运行安装程序	**02 同意许可协议**
运行下载好的一键Ghost安装程序，在打开的对话框中显示了该版本的更新内容，单击"下一步"按钮。	打开"许可协议"对话框，❶选中"我同意该许可协议的条款"单选按钮，❷单击"下一步"按钮。
	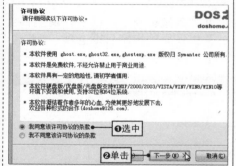
03 选择速度模式	**04 准备进行安装**
打开"选项"对话框，❶在"请选择速度模式："栏中选中"快速模式"单选按钮，❷单击"下一步"按钮。	打开"准备按钮"对话框，直接单击"下一步"按钮。
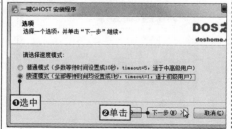	

05 配置程序	06 完成程序的安装
此时，程序将自动进行安装，安装完成后需要进行相关配置，用户只需要耐心等待一段时间即可。	配置结束后打开"立即运行"对话框，❶取消选中所有复选框，❷单击"完成"按钮即可。

4.5.2　用Ghost一键备份系统

　　安装完一键Ghost软件后，系统会自动将其添加到系统菜单中，并在桌面创建一键Ghost的快捷方式。为了确保系统还原时能顺利进行，首先需要使用一键Ghost对系统进行备份。

01 运行Ghost软件	02 开始备份操作
在桌面上双击"一键Ghost"图标，打开"一键备份系统"对话框。	❶选中"一键备份系统"单选按钮，❷单击"备份"按钮。

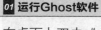

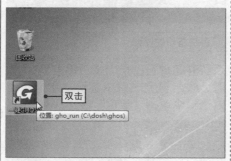

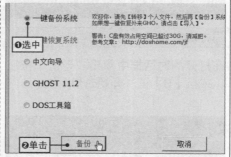

03 取消导航网站设置	
在打开的提示对话框中单击"取消"按钮。	

04 确认重启电脑

在打开的提示对话框中单击"确定"
按钮重启电脑。

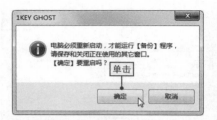

05 选启动的位置

重启电脑后，在界面中选择"GHOST,
DISKGEN，MHDD，DOS"选项，然
后按【Enter】键确认选择。

06 选择Ghost版本

在打开的界面中选择"1KEY GHOST
11.2"选项，然后按【Enter】键确认
选择。

07 选择启动Ghost的模式

在打开的界面中选择"IDE/SATA"选
项，然后按【Enter】键确认选择。

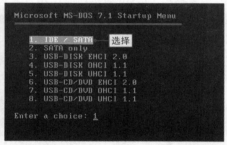

08 开始进行备份

在打开的对话框中单击"备份"按钮
（或按【B】键）开始备份系统。

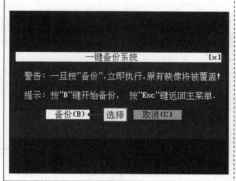

09 系统备份的过程

系统开始进行备份，待进度条到100%
时，表示已完成系统备份，在打开的
对话框中单击"重启"按钮即可。

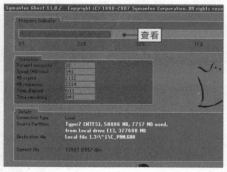

4.5.3 使用一键Ghost还原系统

当操作系统出现故障而无法正常使用时，则可以在DOS系统下启动一键
Ghost来还原已备份的系统。

01 选择运行Ghost程序

当系统无法正常运行，但还可以选
择启动的操作系统时，在"Windows
启动管理器"界面选择相应的一键
GHOST选项。

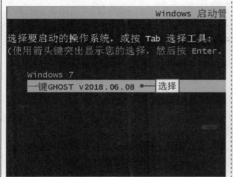

02 选启动的位置

在打开的界面中直接选择"CHOST,
DISKGEN，MHDD，DOS"选项，
该界面表示选择启动的操作系统或程
序，应选择有Ghost的选项。

03 选择Ghost版本

在打开的界面中选择"CHOST 11.2"
选项，该界面表示Ghost程序中的功能
和版本，这里选择Ghost的最新版本。

04 开始还原系统

此时，Ghost程序将开始运行，在打开
的界面中单击"OK"按钮（或直接按
【Enter】键）。

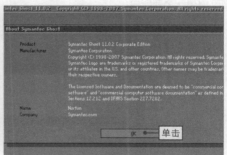

TIPS Ghost界面中的操作技巧

在Ghost界面进行操作时，键盘比鼠标更好操作。使用键盘时，按【Tab】键后，可看到高
亮状态的按钮或选项，按方向键可以移动选项，按【Enter】键确认选择。

4.6 设置用户账户

电脑硬件组装与系统安装完成后，就可以使用其来完成工作或网上冲浪等。不过为了安全起见，用户还需要对其用户账户进行设置。

4.6.1 新建本地账户

对于很多用户来说，往往会在电脑中创建多个登录账户，以满足不同的桌面需求。Windows系统允许同时存在多个用户账户，并可以设置不同用户账户的权限。要创建一个受限用户账户，具体操作如下。

01 打开控制面板	**02 添加或删除用户账户**
❶在桌面左下角单击"开始"按钮，❷在打开的"开始"菜单中单击"控制面板"按钮。	打开"控制面板"窗口，在"用户账户和家庭安全"栏中单击"添加或删除用户账户"超链接。

03 创建一个新账户	**04 设置账户名称**
打开"管理账户"窗口，单击"创建一个新账户"超链接。	❶在打开的窗口中输入新账户的名称，❷单击"创建账户"按钮。
	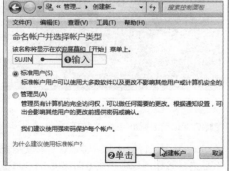

4.6.2 为用户账户设置密码

为了提高电脑账户的安全性，最简单、最常用的方法就是为账户设置一个密码，其具体操作如下。

01 打开"管理账户"窗口

打开"控制面板"窗口，在"用户账户和家庭安全"栏中单击"添加或删除用户账户"超链接。

02 选择需要添加密码的用户

打开"管理账户"窗口，在"选择希望更改的账户"栏列表框中选择要设置密码的账户选项。

03 准备创建密码

打开"更改账户"窗口，然后在"更改SUJIN的账户"栏中单击"创建密码"超链接。

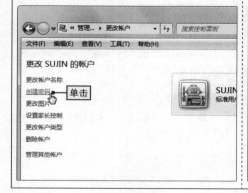

04 设置密码

❶在打开的窗口中输入密码和确认密码，❷输入密码提示文本，❸单击"创建密码"按钮完成操作。

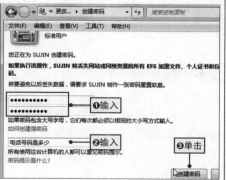

4.6.3 指定用户权限

在Windows操作系统中，内置了部分用户和组，通过用户权限指派可以指定哪些用户能进行哪些操作，如允许哪些用户或组从网络访问计算机。

01 打开"系统和安全"窗口

打开"控制面板"窗口，单击"系统和安全"超链接。

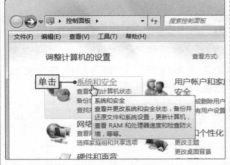

02 打开"管理工具"窗口

打开"系统和安全"窗口，单击"管理工具"超链接。

03 打开"本地策略"窗口

打开"管理工具"窗口，双击"本地安全策略"快捷方式。

04 展开目录

❶在"本地策略"窗口中展开"本地策略/用户权限分配"目录，❷双击"从网络访问计算机"选项。

05 删除禁止网络访问的用户

❶在打开的对话框中选择要禁止的从网络访问计算机的用户或组选项，❷单击"删除"按钮将其删除。

06 确认设置

删除所有禁止网络访问的用户和组后，❶单击"确定"按钮，❷单击"是"按钮完成设置。

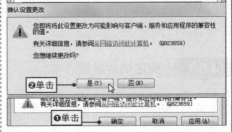

电脑维护的基础知识

学习目标

为了确保电脑能正常运行，减少故障率，用户在日常使用过程中需要对电脑采取一些维护措施。此时，用户需要对电脑维护的基本知识有一定的认识。

知识要点

- 正确拆卸主机
- 拆卸主板上的部件
- 电脑产生故障的原因
- 正确的关机顺序
- 使用电脑的注意事项

......

5.1 正确拆卸电脑

对于使用台式电脑用户而言，当电脑出现问题时总想拆开来查看故障，下面我们就来看看如何拆卸电脑。

5.1.1 正确拆卸主机

通常情况下，在维护电脑或检查故障时，需要查看主机中的情况，此时需要拆卸主机，以便及时发现和排除故障。

01 拔掉电源	**02 拧开螺丝**
从主机后面拔出电源和其他数据线（如果有螺丝，则要先拧开螺丝）。	用手轻轻扶住主机，然后用十字螺丝刀拧开机箱侧盖的螺丝。

03 抽出或者打开机箱侧盖	**04 拔出数据线**
把机箱平放，然后小心的打开机箱的侧盖。	小心拔出相连的电源线和与硬盘、光驱等相连的数据线。
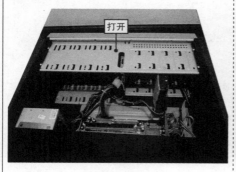	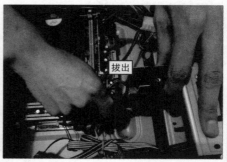

05 拆卸硬盘

在硬盘固定面板上，用十字螺丝刀轻轻拧开固定硬盘的螺丝。

06 取出硬盘

螺丝拧开后，用手托住硬盘，轻轻地取出即可。

07 拆卸光驱

在光驱固定硬盘上，用十字螺丝刀拧开固定光驱的螺丝。

08 取出光驱

螺丝拧开后，用手托住光驱，从机箱正面慢慢取出光驱即可。

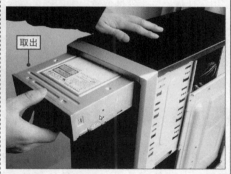

09 拆卸主板

用手适当地托住主板，用十字螺丝刀拧开固定主板的螺丝。

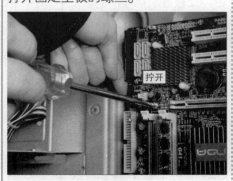

10 取出主板

双手托着主板，向着背离机箱壁方向取出即可。

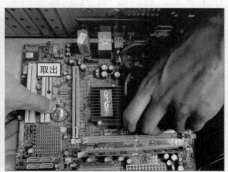

11 拆卸电源	**12** 取出电源
用十字螺丝刀拧开机箱外部固定电源的螺丝。	托着电源，向着背机箱内部方向慢慢取出即可。

SKILL 拔出电源时的注意事项

用户在拔出机箱外部或者内部的各个数据线或电源线时，需要注意：千万不能使用大力猛然拔出，有的数据线接口有卡扣，需要按住卡扣缓慢的用力拔出，如图5-1所示。

图5-1

5.1.2 拆卸主板上的部件

主机拆卸完成后，可能还会对主板上的部件进行拆卸，主板上提供了CPU、内存条以及显卡等部件的插槽，其具体拆卸方法如下。

01 拔掉CPU风扇的电源插头	**02** 拆卸CPU风扇
在主板上，轻轻拔掉CPU风扇的供电插头。	用一字螺丝刀旋转CPU风扇上的4个卡扣，再将其分别向上提出即可。

03 拉出CPU的固定杆	04 取出CPU
拆卸掉CPU风扇后，就可以看到CPU了，拉出CPU的固定杆。	此时，就会打开CUP固定罩，只需要慢慢取出CPU即可。

05 打开内存条插槽的卡扣	06 取出内存条
将双手的大拇指放在内存条两端的卡扣上，然后向下用力。	此时卡扣会弹开，然后轻轻将内存条取出即可。

TIPS 拆卸显卡和声卡

不是所有的台式电脑都有显卡和声卡，而显卡和声卡的插槽也没有像内存条一样的卡扣，而是在机箱上面用螺丝固定，拆卸前需要将螺丝拧开，然后将其取出。

5.2 正确使用电脑

为什么有些用户的电脑可以使用七八年，有些用户的电脑可能使用一年半载就坏了，这主要是因为电脑的使用方法不正确。

5.2.1 电脑产生故障的原因

电脑中的任意一个部件或软件系统出现问题，都可能导致一系列的故障。在排除故障之前，用户首先需要对电脑故障产生的原因进行分析。

1.故障的分类

通常情况下，电脑故障可以分为两大类，即硬件故障和软件故障，如图5-2所示。这两种情况的故障是造成系统崩溃、病毒入侵等问题的主要原因，进而导致电脑无法正常运行。

硬件故障

出现硬件故障主要是因为电脑主机的部件和其他外部设备出现了问题，如硬件老化、接触不良以及短路等。硬件故障可能导致电脑无法开机、系统无法运行、蓝屏以及死机等现象，甚至可能造成其他部件损坏、电脑烧毁等严重后果。

软件故障

出现软件故障主要是因为电脑的系统软件、应用软件等出现了问题，如操作不当、软件漏洞以及软件不兼容等。软件故障可能导致系统无法启动、死机以及蓝屏等现象，甚至对硬件造不同程度的损伤。

图5-2

2.常见的故障原因和现象

由硬件或软件问题产生的故障有很多，下面就来了解一些常见的故障原因和现象，如表5-1所示。

表 5-1　常见的故障原因和现象

故障名称	故障原因和现象
软件或硬件不兼容	由于软件或硬件的不兼容（如软件与软件、软件与操作系统以及硬件与软件等）使应用软件无法正常运行，导致电脑系统运行缓慢、卸载不完全、蓝屏以及死机等
感染病毒或木马程序	如果电脑感染上病毒或木马等恶意程序，由于其具有较强的破坏性强，可能导致电脑系统运行缓慢、死机、蓝屏、反复重启以及文件丢失等现象发生
操作不当	由于不正确操作（如删除、修改等）导致电脑程序损坏，从而无法正常运行，甚至影响硬件的良好运行
文件损坏	由于不正确的操作（如删除、修改等），可能使某些文件丢失或者损坏，从而导致程序无法正常运行。如果是电脑系统文件，还可能造成系统崩溃等故障
接触不良	电脑故障中有一个非常常见的故障原因，就是接触不良，这主要是指硬件连线或接口接触不良，从而导致电脑无法正常开机或者不能正常工作等现象

续表

故障名称	故障原因和现象
外界环境的干扰	由于温度、电磁波等干扰，引起显示器、主板、CPU 等无法正常工作。另外，由温度引起的故障，极有可能造成硬件损坏
硬件设备的质量问题	由于主机硬件或其他外部设备本身存在着设计缺陷、功能障碍等质量问题，可能会导致电脑无法兼容或不能正常运行

5.2.2　正确的关机顺序

为了减少电脑的故障率，用户在关闭电脑时，需要按照正确的关机顺序进行。如果直接断开电源，则可能对电脑硬件和系统造成损害。

01 关闭正在运行的程序与窗口	02 关闭电脑
查看电脑中是否还有正在运行的应用程序与窗口。若有，则将其关闭。	❶单击"开始"按钮，❷在打开的列表中单击"关机"按钮。
03 等待电脑关机	04 等待系统自动退出程序并关机
稍候，系统进入关机的界面并退出Windows 7系统，然后再手动关闭显示器和电源等。	如果有打开且未关闭的程存在，系统将进入提示界面。此时，不要单击"强制关闭"按钮，耐心等待即可。

5.2.3　良好的电脑使用习惯

　　很多用户在使用电脑时，慢慢会感觉到电脑的反应变得迟钝，甚至是死机。部分用户就弄不清楚是怎么回事，常常会找人重新安装系统，重装完之后慢慢又会变得卡顿。此时，如果不是电脑硬件出现问题，那很可能就是电脑系统使用习惯的问题。

● **电脑外部设备的使用习惯：** 正确使用电脑的外部设备，按照设备的使用说明书正确连接、开关机等，如鼠标、键盘的使用。如图5-3所示中的老式鼠标键盘采用的是PS/2接口，如果颜色不匹配，可能烧坏鼠标键盘，或者烧坏主板上的对应插孔。

图5-3

● **软件的安装习惯：** 操作系统安装完成后，会继续安装一些常规的应用软件，这些应用软件默认都是安装到C（系统）盘的。为了减轻系统盘的运行压力，在安装应用软件时需要将其安装路径修改到非系统盘中，如图5-4所示。

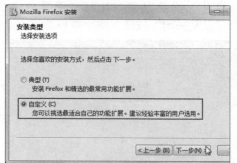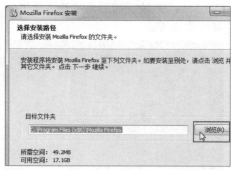

图5-4

● **良好的上网习惯：**为了避免因电脑上网而引起的经济和健康问题，用户需要养成良好的上网习惯，如图5-5所示。

注意上网的安全
用户在使用电脑上网时，需要做到：不用语言攻击他人、不访问色情或暴力网站以及不接收来历不明的消息和文件等，从而提高用户账户和电脑系统的安全性。

使用正取的坐姿与操作
在使用电脑的过程中，一定要使用正确的坐姿，最好使用专用的电脑桌椅。键盘放置在身体正前方中央位置，手腕以平放姿势操作键盘，不弯曲、不下垂，打字时要正对着键盘，防止手腕过度紧绷等。

适当休息
通常情况下，要避免长时间使用电脑的。如果用户需要长时间使用电脑，一定要注意中途休息，可以进行眼保健运动，伸展身体各个关节，预防疾病的发生。

注意显示器的安全
在运行电脑的过程中，显示器会产生电磁辐射，使空气发生电离作用，随着饮水、呼吸等过程进入用户体内，从而出现易怒、失眠以及免疫力下降等情况。另外，显示器周围还会形成一个静电场，吸附灰尘等有害物质，对用户身体产生影响。

注意保持安全距离
在使用电脑的过程中，需要与显示器保持一定的安全距离，从而避免显示器的强光刺伤眼睛，影响视力。另外，为了避免受到显示器静电辐射的伤害，用户在使用电脑一定的时间后，要适当休息。

图5-5

5.2.4　使用电脑的注意事项

在电脑的日常维护过程中，可能会发现很多外设的故障都是因为使用不正确造成的，这样不但会加快硬件的老化速度，还可能会直接导致硬件损坏。因此，用户在使用电脑时需要了解一些注意事项，如表5-2所示。

表 5-2　使用电脑的注意事项

事项名称	详情
电脑的安置环境	安放电脑的地方要保持干净，要防火、防潮、防雷以及防磁等，避免周围环境对电脑的正常使用与寿命产生影响
电脑系统的安全性	需要为电脑安装一些安全防护软件和杀毒软件，防止木马、病毒等恶意程序入侵，从而保护电脑的正常运行和信息安全

续表

事项名称	详情
适度执行任务	用户需要注意适度执行操作，如使用电脑上网、玩游戏等。特别是电脑状态显示为繁忙时，尽量不要使电脑超负荷运行。另外，电脑刚刚启动后，需要等待 30 秒左右的时间再执行程序
不要随意修改或删除系统文件	在使用电脑的过程中，如果出现找不到文件或缺失某文件等问题，则可能是因为删除了系统中的某些重要文件引起。因此，不要随意删除一些未知文件，特别是系统所在磁盘中的文件
定期清理电脑	电脑在使用过程中，用户需要定期清理硬件上面的垃圾物质，如灰尘等。同时，还需要使用维护工具清理系统中的垃圾文件和冗余信息，保障电脑系统的正常运行

5.3 电脑的基本维护

电子产品都是有使用期限的，它不可能供用户使用一辈子，如何让电脑拥有更长的使用时间呢？最好的方式就是做好日常保养和维护。

5.3.1 电脑清理工具

想要排除电脑存在的硬件问题，就需要使用一些工具对电脑进行修理或拆卸硬件设备，下面就来了解一些常见的电脑清理工具。

● **螺丝刀：** 螺丝刀不仅是安装电脑硬件的工具，也是拆卸电脑硬件的重要工具。通常情况下，用来固定或拧开固定配件的螺丝，最好选择尖端带磁的螺丝刀，以方便吸起螺丝。

● **毛刷和吹气球：** 毛刷和吹气球是清理电脑灰尘的重要工具，通常用来清理主机内部或其他外设的死角，如图5-6所示。

图5-6

● **尖嘴钳和镊子：** 在维修电脑时，常用尖嘴钳来拆卸、调整硬度比较大的部件，这类工具还有鸭嘴钳、斜口钳等。另外，常用镊子来夹取掉落到机箱或其他夹角内的配件，以及用来短接、设置跳线。

● **扎线带：** 扎线带可用于绑扎凌乱的数据线，将其固定下来，如图5-7所示。

图5-7

5.3.2　排除故障的基本步骤和原则

对电脑的维护和故障排除知识有一定的了解，并掌握一些常规的维修技能，就可以快速准确地找出电脑存在的问题，并及时进行维修。

1.排除故障的基本步骤

在排除故障时，要先了解故障情况，然后分析定位故障原因，最后才进行排除故障的操作，其具体的操作步骤如表5-3所示。

表 5-3　排除故障的步骤

步骤	详情
①了解故障的详细情况	充分了解故障发生前和故障发生后的具体情况，然后判断故障出现的位置。如果需要对硬件进行拆卸，则需要提前准备好相关的拆卸工具
②分析定位故障原因	如果确实存在故障，则需要分析故障发生的原因，然后进一步精准定位故障的位置，检查是否还有其他故障现象，并作出相应的分析
③排除故障	找出故障位置和原因后，利用准备好的工具，对故障进行排除操作。在排除故障的过程中，一定要小心谨慎，避免失误产生新的故障

2.排除故障的基本原则

用户在排除故障时，需要遵循相应的原则，从而快速准确地分析发生的故障。常见的基本原则有3点，分别是"先易后难"、"先外后内"和"先软后硬"，其具体介绍如图5-8所示。

先易后难

用户在排除电脑故障时，需要从最简单的操作开始，步步深入，准确有效地排除故障。例如，检测主机时，首先查看主机外部的情况，然后检查连接线、指示灯等，最后检查其他硬件。

先外后内

用户在排除电脑故障时，首先需要检测并排除外部设备的故障，如显示器、外部设备的连接线等。如果外部设备没有故障，才深入到主机内部进行检查。

先软后硬

通常情况下，排除软件故障要比排除硬件故障更为容易。因此，首先需要针对软件方面进行检查分析，如果软件不存在故障，再对硬件故障进行检测。

图5-8

5.3.3 分析电脑故障的常见方法

电脑一旦出现故障，对于普通用户而言，想要准确地找出其故障的原因是比较困难的事情。此时，用户需要掌握一些常见的电脑故障分析方法，从而可以快速找出电脑的故障原因，如表5-4所示。

表5-4 分析电脑故障的常见方法

方法名称	详情
直接观察法	直接观察法是最常用的故障分析方法，也就是通过肉眼来观察硬件的外部，是不是有明显的故障特征，主要利用眼、耳、鼻、手来分析判断故障发生的原因。例如，内存条没插到位，没卡紧
拔插法	对于一些部件，将其逐一拆拔下来，观察电脑的运行状态。然后在清理灰尘后，再安插回原位
比较法	将两台或两台以上的同类型电脑，执行发生故障的操作，观察它们之间的不同表现
替换法	将同种型号、功能的配件进行交换，观察故障的变化情况
清理法	将机箱内部与各部件上的灰尘清理干净，观察故障是否存在，这样也可以预防故障的发生
最小系统法	保留主机中的主要部件，将它们连接到一起，观察是否能正常运行

5.3.4 定期清理机箱

对于电脑硬件来讲，灰尘对它的影响非常大，长时间不进行灰尘的清理，主机内会积累厚厚的一层灰，首先影响的就是硬件的散热，如主板、显卡以及CPU等需要散热的部件。因此，用户需要定期清理机箱。

● CPU温度过高会影响其运行速度，进而对电脑的运行速度产生影响。此时用户可以定期对CPU涂抹新硅脂，使其正常散热，如图5-9所示。

图5-9

● 内存条、显卡等部件上都有金手指，而金手指被氧化或者沾有其他物质，都可能会影响到电脑的正常使用。此时，可以使用橡皮擦擦拭金手指，用吹气球清除插槽上的灰尘，如图5-10所示。

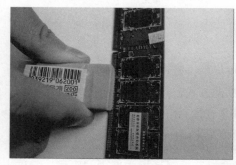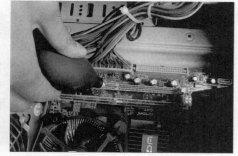

图5-10

● 主机内部有很多电源供电线和数据连接线，这些线缆可能会影响风扇的正常运行。因此，可以使用扎线带将这些线缆有序地捆绑到一起，如图5-11所示。

图5-11

● 主机内部是一个有电压的磁环境，会吸附并积累大量的灰尘。因此，需要定期使用毛刷和吹气球清理机箱内部的灰尘，如图5-12所示。

图5-12

5.4 电脑数据维护

俗话说："电脑有价，数据无价"。用户使用电脑最主要的一个目的就是处理数据，所以数据维护是电脑维护的重要内容之一。

5.4.1 隐藏与显示数据

电脑数据维护的内容有很多，如数据保护、数据备份、数据整理以及数据恢复等。其中，隐藏数据是常用的保护数据方式，只有将隐藏的数据设置为显示，用户才能直接看到它，其具体操作如下。

01 打开属性对话框	**02 隐藏文件**
❶在需要隐藏的文件上右击，❷选择"属性"命令。	在打开的对话框中选中"隐藏"复选框，然后单击"确定"按钮。

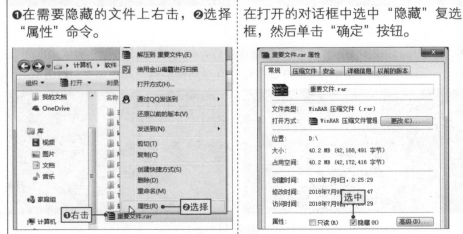

03 打开"文件夹选项"对话框

文件被隐藏后就无法直接看到，要显示被隐藏的文件，❶可以在窗口中单击"工具"菜单项，❷选择"文件夹选项"命令。

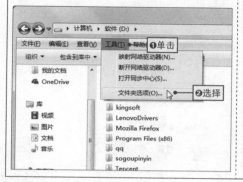

04 显示隐藏的文件

❶在打开的对话框中单击"查看"选项卡，❷选中"显示隐藏的文件、文件夹和驱动器"单选按钮，单击"确定"按钮即可显示出隐藏的文件。

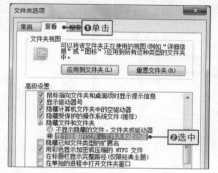

5.4.2 备份注册表

注册表是Windows中一个重要的数据库，用于存储系统程序和应用程序的设置信息，是电脑系统正常运行的最重要条件。为了确保电脑系统的安全，用户可以对注册表进行备份，其具体操作如下。

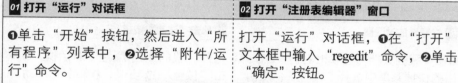

01 打开"运行"对话框

❶单击"开始"按钮，然后进入"所有程序"列表中，❷选择"附件/运行"命令。

02 打开"注册表编辑器"窗口

打开"运行"对话框，❶在"打开"文本框中输入"regedit"命令，❷单击"确定"按钮。

03 打开属性对话框	**04** 导出注册表文件
❶在打开的"注册表编辑器"窗口中单击"文件"菜单项，❷在弹出的下拉菜单中选择"导出"命令。	❶在打开的"导出注册表文件"对话框的"文件名"文本框中输入文件名，❷单击"保存"按钮即可。

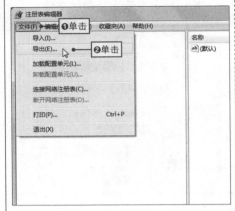

5.4.3 修改"我的文档"存储位置

在电脑系统中，很多文件或文件夹会默认保存在"我的文档"中。不过，"我的文档"里的文件多了会导致所在盘可用空间变小，此时可以修改"我的文档"的存储位置以改善这种情况，其具体操作如下。

01 打开属性对话框	**02** 单击"移动"按钮
❶在"我的文档"选项上右击，❷在弹出的快捷菜单中选择"属性"命令。	打开"我的文档 属性"对话框，❶单击"位置"选项卡，❷单击"移动"按钮。

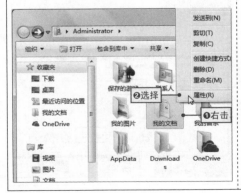

03 选择存储位置

打开"选择一个目标"对话框，❶选择需要存储的位置，❷单击"选择文件夹"按钮。

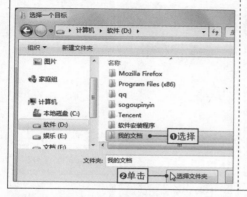

04 应用设置

返回到"我的文档 属性"对话框中单击"应用"按钮，在打开的提示对话框中单击"是"按钮即可完成操作。

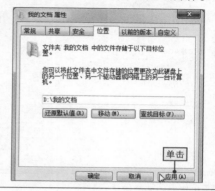

5.4.4 备份IE收藏夹

　　用户在使用电脑的过程中，除了要对操作系统以及重要数据进行备份外（如桌面文件、图片以及文档等），还需要对IE收藏夹进行备份。IE收藏夹中的文件默认保存在电脑的"Favorites"文件夹中，可以直接将该文件夹复制到其他位置以实现备份，也可在IE浏览器中使用向导备份收藏夹。

01 选择"导入和导出"命令

打开IE浏览器，❶单击"文件"菜单项，❷选择"导入和导出"命令。

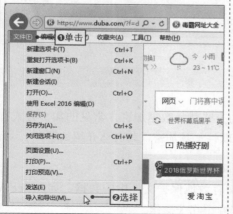

02 选择导出文件

❶在打开的对话框中选中"导出到文件"单选按钮，❷单击"下一步"按钮。

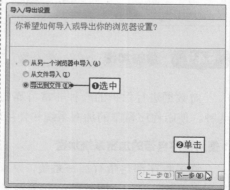

03 导出收藏夹	04 导出收藏夹中的所有文件
❶在打开的对话框中选中"收藏夹"复选框，❷单击"下一步"按钮。	❶在打开的对话框中选择需要导出的文件夹，❷单击"下一步"按钮。
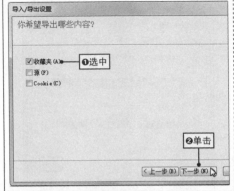	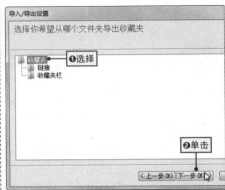
05 设置导出的位置	06 IE收藏夹导出成功
❶在打开的对话框中设置IE收藏夹的备份位置，❷单击"导出"按钮。	此时，系统将开始导出IE收藏夹，完成后单击"完成"按钮即可。
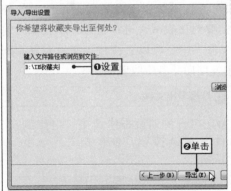	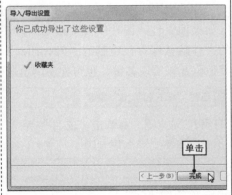

5.4.5 数据加密

对数据进行保护的一种非常可靠的方式就是数据加密，常见的加密方式有两种：使用程序自带的加密系统和使用软件工具加密，其具体介绍如下。

1.使用程序自带的加密系统加密

许多程序都自带有加密系统，从而有效地保护文件中的数据，如Office软件、压缩软件等，下面就以Word为例来介绍相关操作。

01 切换到Backstage视图中	02 打开"加密文档"对话框
打开需要进行密码保护的文档,在菜单栏中单击"文件"选项卡。 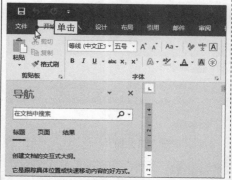	进入Backstage视图中,❶单击"保护文档"下拉按钮,❷选择"用密码进行加密"选项。 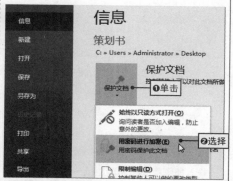
03 输入加密密码	04 再次输入加密密码
❶在打开的"加密文档"对话框的"密码"文本框中输入密码,❷单击"确定"按钮。 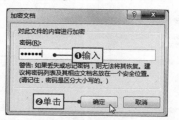	❶在打开的"确认密码"对话框的"重新输入密码"文本框中再次输入密码,❷单击"确定"按钮。 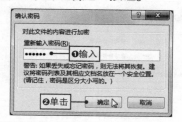
05 通过密码打开文档	
再次打开设置了密码的文档时,系统会打开"密码"对话框,❶输入文档的保护密码,❷单击"确定"按钮即可打开文档。	

2.使用软件工具加密

软件加密的工具有很多,如宏杰文件夹加密。宏杰文件夹加密是一款永久免费的加密软件,可对电脑上的文件和文件夹进行伪装保护、加密保护,还可以对磁盘进行禁用和隐藏保护,其具体操作如下。

01 进入"参数设置"对话框

下载并安装宏杰文件夹加密软件，然后运行该软件，在主界面中单击"参数设置"按钮。

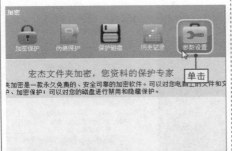

02 打开"设置宏杰启动密码"对话框

进入"参数设置"选项卡，在"设置启动密码"栏中单击"设置启动密码"按钮。

03 输入加密密码和邮箱地址

❶在打开的"设置宏杰启动密码"对话框中依次输入启动密码和邮箱地址，❷单击"确定"按钮。

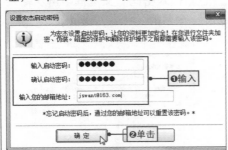

04 设置成功

打开"宏杰文件夹加密"提示对话框，提示启动密码和安全邮箱地址设置成功，单击"确定"按钮。

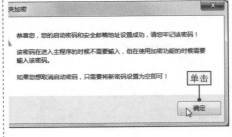

05 打开"输入宏杰启动密码"对话框

返回到软件主界面，单击"加密保护"按钮。

06 输入启动密码

❶在打开的对话框中输入启动密码，❷单击"确定"按钮。

07 单击"我要加密"按钮	08 选择需要加密的文件
在打开的界面中直接单击"我要加密"按钮。	打开"浏览文件或文件夹"对话框，❶选择需要加密的文件，❷单击"确定"按钮。

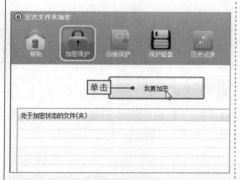

09 输入加密密码	10 运行加密的文件
打开密码设置对话框，❶设置加密密码和加密类型，❷单击"确认加密"按钮即可完成加密操作。	此时，加密文件的图标变成了加密软件的样式。如果需要打开该文件，则直接双击文件图标。

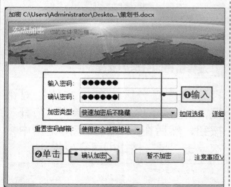

11 对加密文件进行解密	
打开解密对话框，在"输入密码"文本框中输入加密的密码，单击"解密"按钮。如果只是临时解密，并不是要去除密码，则可以直接单击"临时解密"按钮。	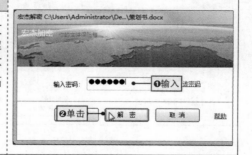

5.4.6　备份硬盘分区表

由于硬盘的分区信息存放在分区表中，如果硬盘的分区表丢失，则数据将无法按顺序读取和写入，导致无法操作。为了避免这种情况发生，可以通过备份硬盘分区表来预防。

而DiskGenius软件则是一款常用的数据维护软件，不仅可以用于硬盘分区，还可以备份硬盘分区表。

01 备份分区表	02 设置备份文件的属性
运行DiskGenius，❶单击"硬盘"菜单项，❷选择"备份分区表"命令。	❶在打开的对话框中设置文件名，❷单击"保存"按钮即可完成备份。

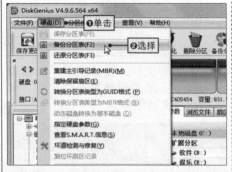 

03 还原分区表	04 选择备份的分区表文件
如果分区表受到损坏，导致系统无法正常启动，可通过光盘或其他方式启动DiskGenius工具。❶单击"硬盘"菜单项，❷选择"还原分区表"命令。	打开"选择分区表备份文件"对话框，❶选择备份文件，❷单击"打开"按钮，然后在打开的提示对话框中依次单击"是"按钮即可完成操作。

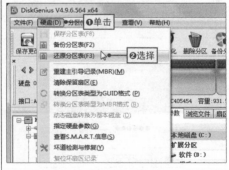 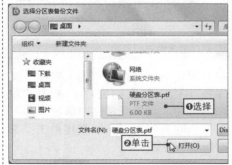

硬件管理与检测

学习目标

硬件是电脑系统中所有实体部件的统称，其稳定的性能保障了电脑系统正常运行。对硬件进行定期的管理与检测，不仅可以增加其使用寿命，还可以提高电脑整体的运行性能。

知识要点

- 驱动程序概述
- 驱动程序的作用及安装原则
- 安装"驱动精灵"软件
- 检测硬件和升级驱动程序
- 备份与恢复驱动程序

......

6.1 了解驱动程序

随着电脑技术的发展，各类硬件的种类、品牌以及工作原理和方式也出现多样化，而BIOS中不可能存储所有的硬件信息。为了能让操作系统识别并支持这些硬件，硬件生产厂商会提供相应的对接程序，从而让操作系统通过该程序控制硬件正常工作，这些程序就是硬件的驱动程序。只有正确安装了驱动程序，硬件才能正常工作。

6.1.1 驱动程序概述

通常情况下，驱动程序是指设备驱动程序（Device Driver），是一种可以使电脑和设备通信的特殊程序。相当于硬件的接口，操作系统只有通过这个接口，才能控制硬件设备进行工作。

1.驱动程序的定义

驱动程序的全称为"设备驱动程序"，它在系统中有着非常重要的作用。通常情况下，电脑的操作系统安装完毕后，接着就需要安装硬件设备的驱动程序。不过，很多情况下并不需要安装所有硬件设备的驱动程序，如硬盘、显示器以及光驱等硬件的驱动程序就不需要安装。需要用户注意的是：不同版本的操作系统对硬件设备的支持是不同的，通常版本越高所支持的硬件设备也越多。

设备驱动程序可以将硬件本身的功能传递给操作系统，完成硬件设备电子信号与操作系统及软件的高级编程语言之间的互相翻译。当操作系统需要使用某个硬件时，会先发送相关指令给驱动程序。例如，需要使用声卡播放音乐时，操作系统会先发送相应指令到声卡驱动程序，声卡驱动程序接收到后，就会将其翻译成声卡才能听懂的电子信号命令，从而让声卡播放音乐。

简单来说，驱动程序提供了硬件到操作系统的一个接口以协调二者之间的关系。因此，驱动程序拥有"硬件的灵魂"、"硬件和系统之间的桥梁"等特殊称呼。

其实，驱动程序就是添加到操作系统中的一小块代码，其中包含有关硬件设备的信息，电脑利用该信息就可以与设备进行通信。驱动程序是硬件厂商根据操作系统编写的配置文件，可以说没有驱动程序，电脑中的硬件就无法工作。当然，操作系统不同，硬件的驱动程序也不同，各个硬件厂商为了保证硬件的兼容性及增强硬件的功能会不断地升级驱动程序。

2.驱动程序的界定

驱动程序可以界定为5个版本，分别为官方正式版、微软WHQL认证版、第三方驱动、发烧友修改版以及Beta测试版。

● **正式版驱动：** 正式版驱动是指按照芯片厂商的设计研发，经过反复测试与修正，最终通过官方渠道发布出来的正式版驱动程序（公版驱动程序）。通常情况下，正式版的发布方式包括两种方式，分别是官方网站发布和硬件产品附带光盘。正式版驱动最大的亮点是稳定性和兼容性好，这也是区别于发烧友修改版与测试版的显著特征。因此，推荐普通用户使用官方正式版驱动程序。

● **认证版驱动：** WHQL的全称为Windows Hardware Quality Labs（Windows硬件质量实验室，缩写分类：电子电工），是微软对各硬件厂商驱动的一个认证，是为了测试驱动程序与操作系统的相容性及稳定性而制定的。简单而言，通过WHQL认证的驱动程序与Windows系统基本上都兼容。

● **第三方驱动：** 通常情况下，第三方驱动是指硬件产品OEM厂商发布的基于官方驱动优化而成的驱动程序。第三方驱动不仅稳定性和兼容性好，而且比官方正式版拥有更加完善的功能和更加强劲的整体性能的特性。因此，对于品牌机用户来说，可以首选第三方驱动，第二选择官方正式版驱动；对于组装机用户来说，可以首选正式版驱动，第二选择第三方驱动。

● **修改版驱动：** 发烧友通常被用来形容游戏爱好者，主要是因为众多发烧友对游戏的狂热需要较高的显卡性能，而厂商所发布的显卡驱动往往无法满足游戏爱好者的需求，因此经修改过的以满足游戏爱好者更多性能要求的显卡驱动就应运而生。目前，发烧友修改版驱动是指经修改过的驱动程序，而又不专指经修改过的驱动程序。

● **测试版驱动（Beta）：** 测试版驱动是指处于测试阶段，还没有正式发布的驱动程序。一般情况下，该驱动的稳定性不够，与系统的兼容性也比较差，尝鲜和风险总是基本上同时存在的。如果用户想要尝试使用测试版驱动，则需要做好面对故障的心理准备。

6.1.2 驱动程序的作用及安装原则

在组装的电脑中安装完操作系统并不等于大事告成了，紧接着需要安装各种驱动程序，下面我们就来看看驱动程序的作用及安装原则。

1.驱动程序的作用

驱动程序是直接工作在各种硬件设备上的软件，各种硬件设备通过驱动程序才能正常运行，达到既定的工作效果。

从理论上讲，只有将所有的硬件设备都安装上对应的驱动程序才能正常工作。不过，CPU、内存以及显示器等设备则不需要安装驱动程序就可以正常工作。而显卡、声卡以及网卡等设备则一定要安装驱动程序，否则便无法正常工作，这是什么原因呢？这主要是因为CPU、内存以及显示器等硬件对电脑而言是必须的，所以早期的设计人员将这些硬件设计为BIOS可以直接支持的硬件。

简单而言，CPU、内存以及显示器等硬件在安装后可以被BIOS和操作系统直接支持，不再需要安装驱动程序。但是对于其他的硬件，如网卡、声卡以及显卡等硬件则必须要安装驱动程序，不然这些硬件就无法正常工作。当然，也不是所有驱动程序都需要对实际的硬件进行操作，有的驱动程序只是辅助系统的运行。

2.获取驱动程序的途径

由于驱动程序对操作系统和硬件都有着十分重要的作用，所以我们需要了解获取相关硬件设备的驱动程序的途径。其中，获取驱动程序的途径主要有3种，如图6-1所示。

操作系统提供的驱动程序

在目前常用的几种Windows操作系统中，已经附带了大量的通用驱动程序。在安装操作系统后，不需要单独安装驱动程序就能使这些硬件设备正常运行。不过操作系统附带的驱动程序总是有限的，所以有时系统附带的驱动程序并不完全兼容，这就需要手动来安装驱动程序。

驱动程序盘中提供的驱动程序

通常情况下，硬件设备生产厂商会针对自己的硬件设备开发专门的驱动程序，并采用光盘的形式在销售硬件设备时一并免费提供给用户。这些驱动程序具有较强的针对性，性能也比Windows附带的驱动程序要高一些。

通过网络下载

除了购买硬件时附带的驱动程序盘以外，许多硬件厂商还会将相关驱动程序放到网上供用户下载。由于硬件厂商会在网上不定期的推出升级版本，所以这些驱动程序的性能及稳定性比用户驱动程序盘中的驱动程序更好。

图6-1

3.驱动程序的安装顺序

通常情况下，在操作系统安装完成后就需要接着安装驱动程序，而各种驱动程序常见的安装顺序如图6-2所示。

1.主板

这里所说的主板，通常是指芯片组的驱动程序，这也是首先需要安装的驱动程序。

2.各种板卡

在主板驱动程序安装完成后，接着就可以安装各种插在主板上的板卡驱动程序了，如显卡、声卡以及网卡等。

3.各种外设

在完成主板和各类板卡驱动程序的安装后，接下来需要安装的就是各种外设的驱动程序，如鼠标、键盘以及打印机等。

图6-2

6.2 使用驱动精灵管理驱动

驱动精灵是一款集驱动管理和硬件检测于一体的专业级驱动管理和维护工具，同时为用户提供驱动备份、恢复、安装、删除及在线更新等实用功能。另外，除了驱动备份恢复功能外，驱动精灵还提供了Outlook地址簿、邮件和IE收藏夹的备份与恢复功能。

6.2.1 安装"驱动精灵"软件

在日常生活与工作中，如果电脑缺少某个必备的驱动程序，电脑的使用效果就会减弱，此时我们可以使用驱动精灵程序来快速检测和安装缺失的驱动程序。不过，驱动精灵软件是第三方程序，需要手动安装后才能使用。

01 立即下载软件	**02 打开"另存为"对话框**
进入驱动精灵首页面中（http://www.drivergenius.com/），单击"立即下载"按钮。	❶在打开的提示对话框中单击"保存"下拉按钮，❷在打开的下拉列表中选择"另存为"命令。

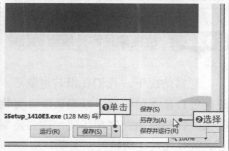

03 保存安装文件	04 打开安装文件
❶在打开的"另存为"对话框中选择驱动精灵安装文件需要保持的位置，❷单击"保存"按钮。	❶选择下载的可执行文件，并在其上右击，❷在弹出的快捷菜单中选择"打开"命令。

05 开始安装软件	06 软件安装完成
打开驱动精灵安装向导，❶修改安装路径，❷取消选中捆绑软件前的复选框，❸单击"一键安装"按钮。	此时，程序将开始进行安装，用户只需要耐心等待即可。安装完成后，会自动进入驱动精灵软件的主界面。

6.2.2 检测硬件和升级驱动程序

　　通常情况下，我们在组装电脑后，为了确保不被商家欺骗，需要对电脑的硬件进行基本的检测，以确认硬件实物与我们购买时的配置一致。另外，为了确保硬件与驱动程序相匹配，需要定期对驱动程序进行升级。此时，最简单的方式就是通过驱动精灵来实现。

01 打开"硬件检测"选项卡

运行驱动精灵软件,在其主界面中单击"硬件检测"按钮。

02 查看电脑的硬件信息

此时,在打开的"硬件检测"选项卡中可以查看到详细的硬件信息。

03 进入"驱动管理"选项卡

单击"驱动管理"选项卡,程序将自动对电脑中的驱动程序进行检测,在检测结果中可以查看到有驱动程序需要升级。

04 选择需要升级的驱动程序

选中需要升级的驱动程序名称前的复选框,单击"一键安装"按钮(如果想要针对性的升级,只需要单击驱动程序名称后的"升级"按钮即可。)

05 开始升级驱动程序

此时,程序将自动对选择的硬件驱动程序进行安装。打开相应驱动程序的安装向导对话框,直接单击"下一步"按钮。

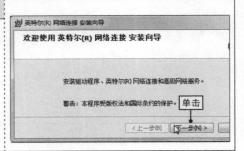

06 同意许可协议

进入"许可证协议"对话框中，❶选中"我接受该许可证协议中的条款"单选按钮，❷单击"下一步"按钮。

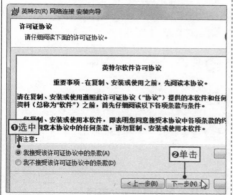

07 设置安装选项

进入"安装选项"对话框中，保持所有复选框的默认选中状态，单击"下一步"按钮。

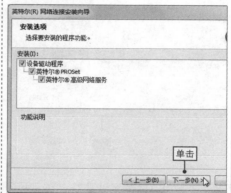

08 做好安装程序的准备

进入"已做好安装程序的准备"对话框中，直接单击"安装"按钮。

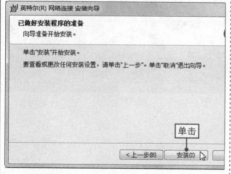

09 完全驱动程序的升级

程序将自动安装驱动程序，完成后单击"完成"按钮即可。

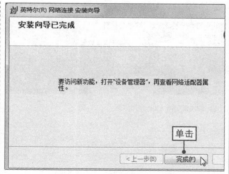

10 查看提示信息

此时，将返回到驱动精灵的"驱动管理"选项卡中，即可查看到驱动程序安装完成的提示信息。

6.2.3 备份与恢复驱动程序

驱动精灵可以说是用户日常使用最为频繁的驱动检测软件之一，不管是新装系统还是驱动升级，使用驱动精灵总会很方便。

不过，我们还是需要定期使用驱动精灵对驱动程序进行备份，以免发生驱动故障时找不到对应的驱动程序。下面我们就来看看如何利用驱动精灵进行驱动程序的备份与还原。

01 进入"百宝箱"选项卡中	**02 打开"驱动备份还原"对话框**
运行驱动精灵软件，单击其右下角的"百宝箱"按钮。	打开"百宝箱"选项卡，在"系统工具"栏中单击"驱动备份"按钮。

03 选中"可备份驱动"单选按钮	**04 修改备份文件的存储路径**
在打开的"驱动备份还原"对话框的"备份驱动"选项卡中选中"可备份驱动"单选按钮。	❶单击右上角的"修改文件路径"超链接，❷对文件路径进行修改，❸单击"确定"按钮。
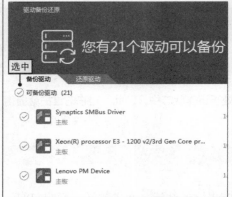	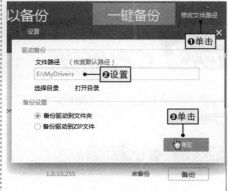

05 一键备份所有驱动程序

返回到"驱动备份还原"对话框中，单击"一键备份"按钮。

06 驱动程序备份完成

此时，只需要耐心等待驱动程序备份完成即可。

07 进入"驱动还原"选项卡

重新进入"百宝箱"选项卡中，在"系统工具"栏中单击"驱动还原"按钮。

08 一键还原所有驱动程序

单击选项卡右上角的"一键还原"按钮，只需要耐心等待，即可还原所有已经备份的驱动程序。

6.3 CPU维护

CPU作为电脑的心脏，从电脑启动时就开始处于运作状态中。因此，对它的维护就显得尤为重要。

6.3.1 查看CPU主频

从前面的内容可以知道，CPU会影响电脑的性能，而主频又是影响CPU运行速度的一大因素。因此，很多用户想要知道自己CPU的主频情况，下面就来看看如何查看CPU的主频。

01 打开"系统"窗口

❶在桌面的"计算机"图标上右击，❷在弹出的快捷菜单中选择"属性"命令。

02 查看CPU主频

打开"系统"窗口，在"系统"栏的"处理器："选项后即可查看到CPU的主频信息。

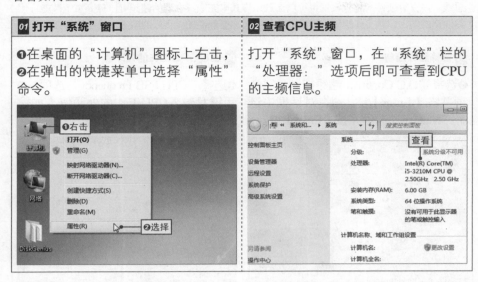

6.3.2 CPU合理超频

电脑超频是指通过某些特殊的超频方式将CPU、显卡以及内存等硬件的工作频率提高，让它们在高于其额定的频率状态下稳定工作，以提高电脑的工作速度。不过，只有合理对CPU进行超频，才能确保电脑可以稳定运行。

01 进入BIOS设置程序

启动电脑时，按【Del】键进入BIOS设置程序，按方向键切换到"Over Drive"选项卡中。

02 查看CPU的频率

此时，即可在界面的上方查看到CPU的当前频率和设置后的频率。

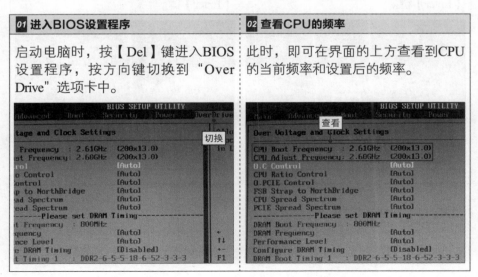

TIPS 硬件超频的注意事项

总线、内存等硬件的超频设置也可以通过该方式来完成，合理的超频可以提高系统性能。值得注意的是，超频工作的硬件散发的热量更大，要保证硬件良好的散热，防止硬件损坏。

03 选择超频控制

❶选择"O.C Control（超频控制）"选项并按【Enter】键，❷在对话框中选择"Manual"选项并按【Enter】键。

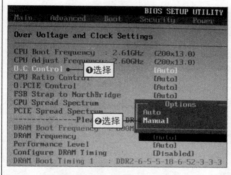

04 设定CPU工作的外频值

❶选择"CPU FSB Frequency"选项，❷用键盘输入CPU工作的外频值，如输入"300"并按【Enter】键。

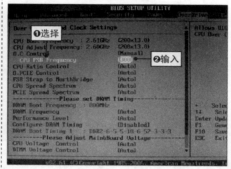

05 选择CPU倍频控制

❶选择"CPU Ratio Control（CPU倍频控制）"选项并按【Enter】键，❷在对话框中选择"Manual"选项并按【Enter】键。

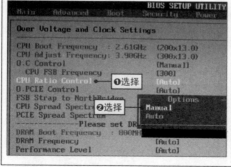

06 设定CPU工作的倍频参数

❶选择新出现的"Ratio CMOS Setting"选项，❷用键盘输入数值以设定CPU工作的倍频参数，如输入"10"并按【Enter】键。

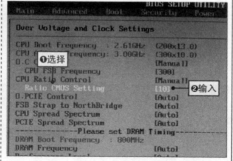

TIPS CPU超频失败的现象

设置了CPU超频后，如果重启电脑出现黑屏现象，表示CPU超频失败。此时，可以再次进入BIOS设置程序，根据提示载入BIOS默认安全设置，然后重新设置CPU工作频率。

07 保存BIOS设置

按【F10】键打开对话框，选择
"OK"选项并按【Enter】键保存设置
并退出BIOS设置程序。

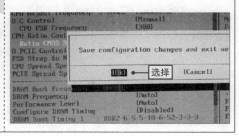

6.3.3 CPU高级功能设置

在主板支持的情况下，CPU可以通过高级设置来实现自动省电、加快读取
速度等功能。当然，该高级设置也是在BIOS设置程序中来完成。

01 进入CPU设置	**02 查看CPU的频率**
进入BIOS设置程序，❶按方向键切换到"Advanced"选项卡，❷选择"CPU Configuration"选项，按【Enter】键进入设置界面。	❶选择"CPU Ratio Control"选项并按【Enter】键，❷在对话框中选择"Auto"选项并按【Enter】键。

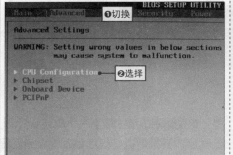

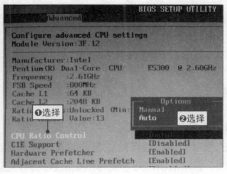

03 选择CPU倍频控制

❶选择"GIE Support"选项，然后按
【Enter】键。❷打开的"Options"对
话框中选择"Disabled"选项，然后按
【Enter】键。

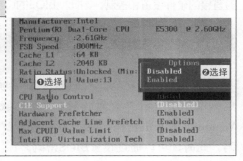

TIPS CPU Ratio Control作用

CPU Ratio Control是指CPU倍频控制，如果将"CPU Ratio Control"选项设置为"Manual（手动）"，系统就会新增一个"Ratio CMOS Setting"选项，用于调整CPU倍频。其中，CIE是一种使CPU节能的功能，系统在闲置时发出MLT指令触该功能，自动降低CPU的工作倍频和工作电压来达到节能的目的。

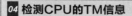 04 检测CPU的TM信息	05 准确获取CPU的温度
❶选择"CPU TM function"选项，然后按【Enter】键，❷在对话框中选择"Enabled"选项并按【Enter】键。	❶选择"PECI"选项并按【Enter】键，❷在对话框中选择"Enabled"选项并按【Enter】键。设置完成后，按【F10】键保存设置并退出BIOS。

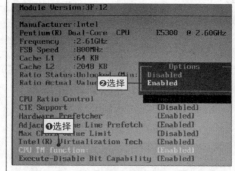
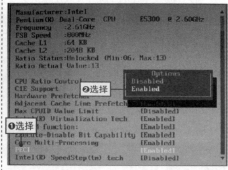

6.4 BIOS设置

BIOS是个人电脑启动时加载的第一个软件，是一组固化到电脑主板上一个ROM芯片上的程序，保存着电脑最重要的基本输入输出的程序、开机后自检程序和系统自启动程序，它可从CMOS中读写系统设置的具体信息，其主要功能就是为电脑提供最底层的、最直接的硬件设置和控制。因此，BIOS的设置尤为重要。

6.4.1 设置BIOS密码

为了电脑的安全，我们通常都会为自己的电脑设置开机密码，这样就为电脑增加了一道"安全锁"。不过，我们设置的开机密码都是系统密码，即Windows的开机密码，这很容易被破解，如登录PE系统就能快速清除开机密码。此时，可以通过设置BIOS密码来保障电脑的信息安全。由于BIOS设置程序不完全相同，下面就以AMI BIOS设置密码为例来介绍相关操作。

01 切换到密码设置选项卡中	02 设置用户密码
进入BIOS设置程序，通过按键盘上的方向键切换到"Security（安全设置）"选项卡中。	❶选择"Change User Password"选项并按【Enter】键，❷在打开的对话框中输入密码并按【Enter】键。

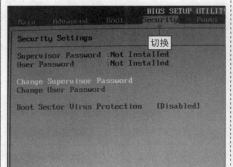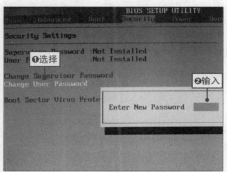

03 再次输入密码	04 设置进入CMOS时需要密码
在打开的对话框中再次输入密码，按【Enter】键后打开提示对话框，显示"Password Installed"信息，说明密码设置成功，按【Enter】键。	❶选择新增加的"Password Check"选项并按【Enter】键，❷在打开的对话框中选择"Setup"选项并按【Enter】键确认。

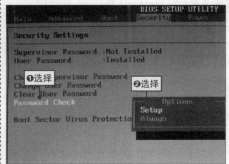

TIPS BIOS密码设置说明

在第4步中，新出现了一个"Psaaword Check（密码检测）"选项。其实，该选项只有在设置了BIOS密码之后才会出现，用于设置用户密码使用的场所。其中，"Setup"选项表示启动BIOS设置程序需输入密码，"Always"选项表示进入BIOS设置程序和启动电脑都需要输入密码。

05 更改系统管理员密码	06 设置用户访问权限
❶选择 "Change Supervisor Password（更改系统管理员密码）" 选项并按【Enter】键，❷以同样的方式为其设置密码。	❶选择新增的 "User Access Level（用户访问权限）" 选项并按【Enter】键，❷在打开的对话框中选择 "Full Access" 选项并按【Enter】键。

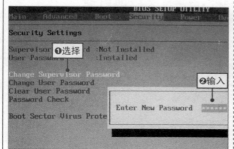

TIPS　COMS的4种权限

设置管理员密码的主要目的是保护CMOS中的参数不被任意修改，修改COMS的权限有4种："No Access" 选项表示用户没有权限进入BIOS设置程序；"View Only" 选项表示用户只能查看CMOS参数；"Limited" 选项表示用户只能更改总数CMOS参数设置；"Full Access" 选项表示用户可更改所有的CMOS参数设置。

6.4.2　设置设备的启动顺序

在主板的CMOS芯片中，储存了电脑设备启动顺序的相关信息，用户可以通过BIOS设置程序对其进行修改。

01 切换选项卡	02 设置第一启动项
进入BIOS设置程序，❶切换到 "Boot" 选项卡，❷选择 "Boot Device Priority" 选项，按【Enter】键。	❶在界面中选择 "1st Boot Device（第一启动顺序）" 选项，❷在对话框中选择要设置为第一启动的设备。

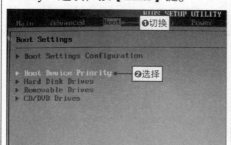

TIPS 设置第二、第三启动顺序

我们除了可以设置第一启动顺序外，还可以设置第二、第三启动顺序，其方法与设置第一
启动顺序相同。设置完成后，按【F10】键保存退出。

6.4.3 恢复默认的BIOS设置

在对BIOS进行设置时，如果CMOS参数设置不当，可能造成系统无法正常
运行或运行错误等故障。此时，用户可以选择恢复BIOS的默认设置来修复。

01 打开帮助对话框	02 恢复默认的BIOS设置
BIOS的默认设置一般有两种，分别是最安全的设置和最优化的设置，不同的BIOS设置程序，恢复默认设置的操作也不一样。进入BIOS设置程序，按【F1】键打开帮助对话框，可查看该BIOS设置程序的功能按键和作用。	按【Esc】键返回主界面，根据帮助信息，按【F8】键可恢复最安全的默认设置（或按【F9】键恢复最优化的默认设置），在对话框中选择"OK"选项，按【Enter】键后再按【F10】键保存并退出。

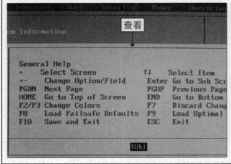 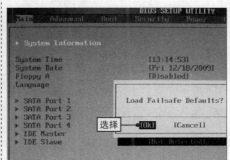

6.5 内存维护

由于电脑把每一条需要执行的命令都放到内存里面，然后CPU就可以快速从内存里面读
取要执行的命令并执行，所以内存条的维护对于电脑的运行来说也是十分重要的。

6.5.1 查看内存容量

由于电脑内存的大小直接影响到电脑的运行速度，所以在电脑运行缓慢
时，用户可以查看一下内存容量，以确认是否因为内存较小而影响电脑运行。

01 打开"系统"窗口	02 查看内存到大小
❶在桌面上的"计算机"图标上右击，❷在弹出的快捷菜单中选择"属性"命令。	打开"系统"窗口，在"系统"栏的"安装内存（RAM）"选项后即可查看到内存大小。
	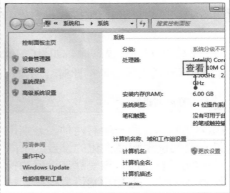

6.5.2 取消自动设置的虚拟内存

在物理内存不够使用时，可以把一部分硬盘空间作为内存来使用，这部分内存就被称为虚拟内存。通常情况下，Windows 7操作系统会自动将部分磁盘空间设置为虚拟内存，此时用户可以手动取消自动设置的虚拟内存。

01 打开"系统"窗口	02 打开"系统属性"对话框
❶在桌面上的"计算机"图标上右击，❷在弹出的快捷菜单中选择"属性"命令。	在打开的"系统"窗口左侧列表中单击"高级系统设置"超链接。

03 打开"性能选项"对话框	04 打开"虚拟内存"对话框
打开"系统属性"对话框,在"高级"选项卡的"性能"栏中单击"设置"按钮。	打开"性能选项"对话框,❶单击"高级"选项卡,❷在"虚拟内存"栏中单击"更改"按钮。

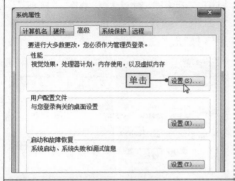

05 设置虚拟内存	06 确认取消虚拟内存
打开"虚拟内存"对话框,❶选中"无分页文件"单选按钮,❷单击"设置"按钮。	打开"系统属性"提示对话框,直接单击"是"按钮,然后依次单击"确定"按钮即可完成操作。

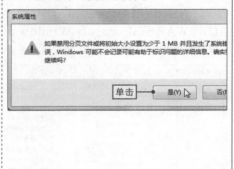

TIPS 设置虚拟内存的注意事项

通常情况下,设置完成后,需要重启电脑才可生效。另外,用户可以自定义设置虚拟内存,但磁盘空间中会经常产生磁盘碎片。

6.5.3 清除内存中多余的dll文件

程序在运行的过程中,会加载支持运行的dll文件。如果残留的dll文件过多，会占用一部分内存资源，从而影响电脑的运行速度，此时可以在注册表中设置自动清除该文件。

01 打开"运行"对话框	02 打开"注册表编辑器"对话框
❶在桌面左下角单击"开始"按钮，❷在打开的"所有程序"列表中选择"附件/运行"命令。	打开"运行"对话框，❶在"打开"文本框中输入"regedit"，❷单击"确定"按钮。

03 展开注册表目录	04 新建项
展开"HKEY_LOCAL_MACHINE\SOFTWARE\Microsoft\Windows\CurrentVersion\Explorer"目录。	❶在右侧窗格中的空白位置右击，❷在弹出的快捷菜单中选择"新建/DWORD值"命令。

05 重命名新建的项	
❶将新建项命名为"AlwaysUnloadDLL"，并在新建项上右击，❷选择"修改"命令。	

06 修改数值数据

打开"编辑DWORD值"对话框，❶在"数值数据"文本框中输入"1"，❷单击"确定"按钮。设置完后，关闭注册表编辑器，重启电脑，运行程序后即可自动清除残留的dll文件。

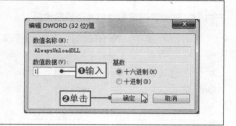

6.6 其他的硬件维护

除了前面主要的一些硬件维护外，电脑的硬件还涉及很多，如电源、显卡等。这些硬件对电脑也有着重要的作用，同样需要用户对其进行维护。

6.6.1 电源管理设置

在BIOS设置程序中，用户还可以对电源进行管理。如果主板支持，就能控制电脑电源的工作方式，如使电脑在指定的时间执行自动开机操作。

01 进入电源管理配置中	**02 设置键盘开机的方式**
进入BIOS设置程序，❶按方向键切换到"Power"选项卡，❷选择"APM Configuration"选项并按【Enter】键。	❶选择"Power On By PS/2 Keyboard"选项并按【Enter】键，❷选择"Specifc Key"选项，按【Enter】键确认。

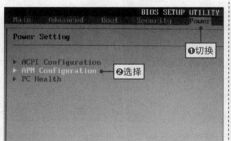 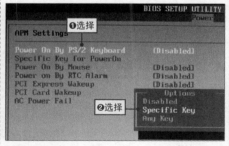

03 输入密码

❶选择"Specific Key for Power On（设置键盘开机密码）"选项并按【Enter】键，❷在打开的对话框中为键盘开机设置密码。

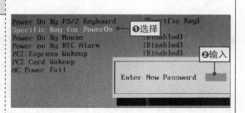

TIPS 电源管理设置中相关选项的含义

"Power On By PS/2 Keyboard"选项用于设置键盘开机的方式，"Disabled"选项表示禁用键盘开机功能，"Specific Key"选项表示使用键盘上的【Power】键开机，"Any Key"选项表示通过键盘上的任意键开机。其中，设置该选项后才会出现"Specific Key for Power On"选项。

04 设置定时开机	05 设置开启日期和时间
❶选择"Power On By RCM Alarm（定时开机）"选项并按【Enter】键，❷在打开的对话框中选项"Enabled"选项，按【Enter】键确认。	分别在新增的"RTC Alarm Date（Days）"选项和"RTC Alarm Time"选项中设置开启日期和时间。

 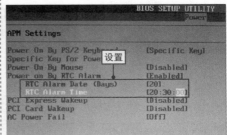

06 设置电耗失败的选择	
❶选择"AC Power Fail"选项并按【Enter】键，❷在打开的对话框中选择"Off"选项并确认。设置完成后按【F10】键保存并退出。	

TIPS AC Power Fail选项的含义

"AC Power Fail（电耗失败的选择）"选项用于设置当外部电源断开后，再次接通电源时电脑执行的操作。"Off"选项表示电源连通后保持电脑关闭状态，"On"选项表示连通电源后直接启动电脑，"Former Sts"选项表示电源连通后恢复系统到电源断开前的状态。

6.6.2 显卡功能设置

通常情况下，电脑主板会默认带有集成显卡。如果要为已集成了显卡的主板安装新的显卡，则要在BIOS程序中进行设定，以设置系统默认使用的显卡。

01 进入芯片组设置中

进入BIOS设置程序，❶按方向键切换到"Advanced"选项卡，❷选择"Chipset（芯片组设置）"选项，按【Enter】键确认。

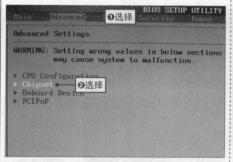

02 设置集成显卡使用物理内存的方式

❶按方向键选择"Initate Graphic Adapter"选项并按【Enter】键，❷在打开的对话框中选择"[PEG/IGD]"选项，按【Enter】键确认。

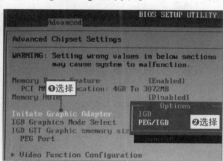

03 选择自动分配的系统内存

❶选择"IGD Graphics Mode Select"选项并按【Enter】键，❷在打开的对话框中选择"Enabled，32MB"选项，按【Enter】键确认。

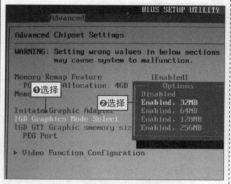

04 设置自动使用显卡PCI扩展槽

❶选择"PEG Port"选项并按【Enter】键，❷在打开的对话框中选择"Auto"选项。设置完成后按【F10】键保存退出。

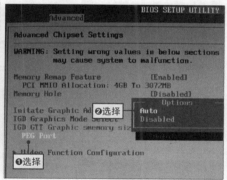

TIPS IGD Graphics Mode Select选项的含义

"IGD Graphics Mode Select"选项用于设置集成显卡使用物理内存的方式，如"Enabled，32MB"选项表示最少使用32MB的系统内存，在需要时自动分配。另外，"PEG Port"选项用于设置PCI Express绘图显示的输出端口，即是否允许使用显卡PCI扩展槽，一般设置为"Auto（自动）"。

6.6.3　检测硬盘性能

　　良好的电脑硬盘性能能够让系统更加稳定运行，所以用户需要定期对硬盘的性能进行检测。目前，网络中有许多硬盘检测工具，如常用的HD Tune Pro软件。

01 开始进行基准测试

下载与安装HD Tune Pro软件，然后运行该软件，在"基准测试"选项卡中单击"开始"按钮。

02 查看基准测试的结果

耐心等待一段时间后，在"基准测试"选项卡的右下角即可显示结果，包括传输速率、存储时间等。

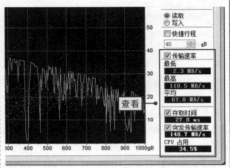

03 开始随机存取的测试

❶单击"随机存取"选项卡，❷单击"开始"按钮即可对随机存取属性进行测试。

04 查看随机存取的测试结果

耐心等待一段时间后，在"随机存取"选项卡下方即可显示结果，如磁盘的IOPS速度、平均存取时间等。

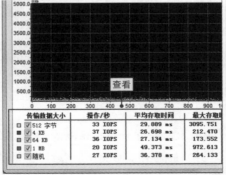

电脑网络维护

学习目标

电脑获取信息的主要来源就是网络，所以人们的生活与工作已经离不开网络了。而网络维护的目的就是预防发生网络故障，确保网络传输和网络安全。

知识要点

- 网卡
- 双绞线
- ADSL Modem
- 宽带路由器
- 电脑连接上网的方式
......

7.1 常见的网络连接设备

网络连接设备是把网络中的通信线路连接起来的各种设备的总称，这些设备包括网卡、双绞线以及ADSL Modem等。

7.1.1 网卡

电脑与外界局域网的连接是通过主机箱内插入一块网络接口板来实现，该网络接口板又称为通信适配器、网络适配器（Network Adapter）或网络接口卡NIC（Network Interface Card），俗称为"网卡"，如图7-1所示。

图7-1

简单来说，网卡就是电脑与局域网连接的"中介"。其中，网卡与局域网之间的通信是通过电缆或双绞线以串行传输方式进行的，而与电脑之间的通信则是通过电脑主板上的I/O总线以并行传输方式进行。由于网络上的数据率和电脑总线上的数据率不同，所以在网卡中装有对数据进行缓存的存储芯片。

在安装网卡时，首先需要将管理网卡的设备驱动程序安装在电脑中，因为该驱动程序可以告诉网卡，应当从存储器的什么位置上将局域网传送过来的数据块存储下来。另外，网卡并不是独立的自治单元，其本身不带电源，所以必须使用所插入的电脑的电源，并受该电脑的控制。

目前，随着电脑硬件设备集成度的不断提高，网卡上的芯片个数也在不断的减少，虽然各个厂家生产的网卡种类繁多，但其功能大同小异，主要功能如图7-2所示。

根据网卡与主板上总线的连接方式、网卡的传输速率和网卡与传输介质连接的接口的不同，网卡又可以分为多种不同的类型，如表7-1所示。

数据的封装与解封

将电脑的数据封装为帧，并通过网线（对无线网络来说就是电磁波）将数据发送到网络中，然后送交上一层。

链路管理

主要是CSMA/CD（Carrier Sense Multiple Access with Collision Detection，带冲突检测的载波监听多路访问）协议的实现。

编码与译码

即曼彻斯特编码与译码，是一个同步时钟编码技术，在以太网媒介系统中，被物理层使用来编码一个同步位流的时钟和数据。

图7-2

表 7-1　网卡的常见分类

分类依据	含　义
按照网卡支持的电脑种类分类	此类型分为标准以太网卡和 PCMCIA 网卡两类：标准以太网卡用于台式计算机联网，而 PCMCIA 网卡用于笔记本电脑
按照网卡支持的传输速率分类	此类型分为 10Mbps 网卡、100Mbps 网卡、10/100Mbps 自适应网卡和 1000Mbps 网卡 4 类：根据传输速率的要求，10Mbps 和 100Mbps 网卡只支持 10Mbps 和 100Mbps 的传输速率，在使用非屏蔽双绞线 UTP 作为传输介质时，通常 10Mbps 网卡与 3 类 UTP 配合使用，而 100Mbps 网卡与 5 类 UTP 相连接；10/100Mbps 自适应网卡是由网卡自动检测网络的传输速率，保证网络中两种不同传输速率的兼容性；而 1000Mbps 网卡则基本上应用于高速的服务器中
按网卡所支持的总线类型分类	此类型分为 ISA、EISA 以及 PCI 等多种类型：由于电脑技术的快速发展，ISA 总线接口的网卡的使用越来越少。EISA 总线接口的网卡能够并行传输 32 位数据，数据传输速度快，但价格昂贵。PCI 总线接口网卡的 CPU 占用率较低，常用的 32 位 PCI 网卡的理论传输速率为 133Mbps，所以支持的数据传输速率可达 100Mbps

TIPS　无线网卡的含义

无线网卡是利用无线电波作为信息传输的媒介构成的无线局域网（WLAN），与有线网络的用途基本相同，最大的区别是传输媒介的不同，它利用了无线电技术取代网线。

无线网卡是终端无线网络的设备，是无线局域网的无线覆盖下通过无线连接网络进行上网使用的无线终端设备。具体来说，无线网卡就是电脑可以利用无线来上网的一个装置，但是有了无线网卡也还需要一个可以连接的无线网络，如果家里或所在地有无线路由器或者无线AP的覆盖，就可以通过无线网卡以无线的方式连接无线网络上网。

7.1.2 双绞线

　　双绞线（Twisted Pair，TP）是一种综合布线工程中最常用的传输介质，是由两根具有绝缘保护层的铜导线组成的。把两根绝缘的铜导线按一定密度互相绞在一起，每一根导线在传输中辐射出来的电波会被另一根线上发出的电波抵消，有效降低信号干扰的程度。

　　通常情况下，双绞线由两根22号～26号绝缘铜导线相互缠绕而成。这种相互缠绕改变了电缆原有的电子特性，不但可以减少自身的串扰，也可以最大程度上防止其他电缆上的信号对这对线缆上的干扰。实际使用时，双绞线是由多对双绞线一起包在一个绝缘电缆套管里的。

　　与其他传输介质相比，双绞线在传输距离、信道宽度和数据传输速度等方面均受到一定限制，但价格较为低廉。

双绞线的分类

　　双绞线的分类标准有很多，常见的有两种，分别是按照有无屏蔽层分类和按照频率和信噪比进行分类。

● **按照有无屏蔽层分类：** 根据有无屏蔽层可以将双绞线分为屏蔽双绞线（Shielded Twisted Pair，STP）和非屏蔽双绞线（Unshielded Twisted Pair，UTP），其具体介绍如图7-3所示。

> **屏蔽双绞线**
>
> 屏蔽双绞线是指在双绞线与外层绝缘封套之间有一个金属屏蔽层，主要分为STP和FTP（Foil Twisted-Pair）两种类型。其中，STP是指每条线都有各自的屏蔽层，而FTP只在整个电缆有屏蔽装置，并且两端都正确接地时才起作用。屏蔽层不仅可以减少辐射、防止信息被窃听，还可以阻止外部电磁干扰的进入，使屏蔽双绞线比同类的非屏蔽双绞线具有更高的传输速率。

> **非屏蔽双绞线**
>
> 非屏蔽双绞线（UnshieldedTwisted Pair，UTP）是一种数据传输线，由4对不同颜色的传输线所组成，广泛用于以太网路和电话线中。非屏蔽双绞线具有五大优点：无屏蔽外套，直径小，减少所占用的空间，成本低；重量轻，易弯曲，易安装；将串扰减至最小或加以消除；具有阻燃性；具有独立性和灵活性，适用于结构化综合布线。因此，在综合布线系统中，非屏蔽双绞线应用非常广泛。

图7-3

● **按照频率和信噪比进行分类：** 按照频率和信噪比进行分类，主要可以分为一类线、二类线、三类线以及四类线等多种类型，其具体介绍如表7-2所示。

表 7-2　按照频率和信噪比对双绞线进行分类

类别名称	说明
一类线（CAT1）	最高频率带宽是 750kHZ，用于报警系统或语音传输（一类标准主要用于八十年代初之前的电话线缆），不用于数据传输
二类线（CAT2）	最高频率带宽是 1MHZ，用于语音传输和最高传输速率 4Mbps 的数据传输，常应用于 4MBPS 规范令牌传递协议的旧的令牌网中
三类线（CAT3）	为 ANSI 和 EIA/TIA568 标准中指定的电缆，传输频率为 16MHz，最高传输速率为 10Mbps，主要应用于语音、10Mbit/s 以太网（10BASE-T）和 4Mbit/s 令牌环，最大网段长度为 100m，采用 RJ 形式的连接器
四类线（CAT4）	电缆传输频率为 20MHz，用于语音传输和最高传输速率 16Mbps 的数据传输，主要用于基于令牌的局域网和 10BASE-T/100BASE-T。最大网段长为 100m，采用 RJ 形式的连接器
五类线（CAT5）	该类电缆增加了绕线密度，最常用的以太网电缆，外套一种高质量的绝缘材料，最高频率带宽为 100MHz，最高传输率为 100Mbps，用于语音传输和最高传输速率为 100Mbps 的数据传输，主要用于 100BASE-T 和 1000BASE-T 网络，最大网段长为 100m，采用 RJ 形式的连接器
超五类线（CAT5e）	具有衰减小、串扰少、更高的衰减与串扰的比值（ACR）和信噪比（SNR）以及更小的时延误差的优点，性能得到很大提高。其中，超 5 类线主要用于千兆位以太网（1000Mbps）
六类线（CAT6）	该类电缆的传输频率为 1MHz ～ 250MHz，六类布线系统在 200MHz 时综合衰减串扰比（PS-ACR）应该有较大的余量，它提供 2 倍于超五类的带宽。传输性能远远高于超五类标准，最适用于传输速率高于 1Gbps 的应用。六类布线标准采用星形的拓扑结构，布线距离为永久链路的长度不能超过 90m，信道长度不能超过 100m
超六类或 6A（CAT6A）	此类电缆的传输频率为 500MHz，传输速度为 10Gbps，标准外径 6mm。和七类产品一样，国家还没有出台正式的检测标准，只是行业中有此类产品，各厂家宣布一个测试值
七类线（CAT7）	此类电缆的传输频率为 600MHz，传输速度为 10Gbps，单线标准外径 8mm，多芯线标准外径 6mm

在表7-2所示的几类双绞线中，类型数字越大、版本越新，技术越先进、带宽也越宽，价格也越贵。这些不同类型的双绞线标注方法是这样规定的，如果是标准类型则按CATx方式标注，如常用的五类线和六类线，则在线的外皮上标注为CAT 5、CAT 6；如果是改进版，就按xe方式标注，如超五类线就标注为5e（字母是小写，而不是大写）。

双绞线的序列标准

在北美，存在3家在国际上都非常具有影响力的综合布线组织，分别是ANSI（American National Standards Institute，美国国家标准协会）、TIA（Telecommunication Industry Association，美国通信工业协会）和EIA（Electronic Industries Alliance，美国电子工业协会）。

由于TIA和ISO两组织经常进行标准制定方面的协调，所以TIA和ISO颁布的标准的差别不是很大。在双绞线标准中，应用最广的是ANSI/EIA/TIA-568A和ANSI/EIA/TIA-568B，这两个标准最主要的不同就是芯线序列的不同。

EIA/TIA568A的线序定义依次为绿白、绿、橙白、蓝、蓝白、橙、棕白以及棕，其标号如下表所示：

绿白	绿	橙白	蓝	蓝白	橙	棕白	棕
1	2	3	4	5	6	7	8

EIA/TIA568B的线序定义依次为橙白、橙、绿白、蓝、蓝白、绿、棕白以及棕，其标号如下表所示：

橙白	橙	绿白	蓝	蓝白	绿	棕白	棕
1	2	3	4	5	6	7	8

7.1.3　ADSL Modem

Modem，其实是Modulator（调制器）与Demodulator（解调器）的简称，中文称为调制解调器，也就是我们常常所说的"猫"。它是在发送端通过调制将数字信号转换为模拟信号，而在接收端通过解调再将模拟信号转换为数字信号的一种装置。

ADSL Modem为ADSL（非对称用户数字环路）提供调制数据和解调数据的机器，最高支持8Mbps/s（下行）和1Mbps/s（上行）的速率，抗干扰能力强，适于普通家庭用户使用。外观上具有一个RJ-11电话线孔和一个或多个RJ-45网线孔，某些型号的产品带有路由或无线功能。

通常情况下，根据Modem的形态和安装方式，大致可以分为4种类型，如图7-4所示。

外置式Modem

放置于机箱外，通过串行通讯口与主机连接。外置式Modem方便灵巧、易于安装，闪烁的指示灯便于监视Modem的工作状况。不过，此类型Modem需要使用额外的电源与电缆。

内置式Modem

在安装时需要拆开机箱，并且要对中断和COM口进行设置，安装比较复杂。内置式Modem需要占用主板上的扩展槽，但无需额外的电源与电缆，且价格比外置式Modem便宜。

PCMCIA插卡式Modem

插卡式Modem主要用于笔记本电脑，体积纤巧。如果配合移动电话进行使用，则可以方便地实现移动办公。

机架式Modem

把一组Modem集中于一个箱体或外壳里即可组成机架式Modem，并由统一的电源进行供电。该类型Modem主要用于Internet/Intranet、电信局、校园网及金融机构等网络的中心机房。

图7-4

TIPS ADSL Modem新增的传输模式

最开始，ADSL Modem只是用于数据传输。随着用户需求的不断增长以及厂商之间的激烈竞争，市场上开始出现了"二合一"、"三合一"的Modem。这些Modem除了可以进行数据传输以外，还具有传真和语音传输功能。

7.1.4 宽带路由器

随着宽带的普及，出现了一种新兴的网络产品，即宽带路由器。宽带路由器集成了路由器、防火墙、带宽控制和管理等功能，具备快速转发能力、灵活的网络管理和丰富的网络状态等特点。

多数宽带路由器采用高度集成设计，集成10/100Mbps宽带以太网WAN接口、并内置多口10/100Mbps自适应交换机，方便多台机器连接内部网络与Internet。同时，大部分的宽带路由器可满足不同的网络流量环境，具备满足良好的电网适应性和网络兼容性。

当然，宽带路由器也有档次之分。高档次宽带路由器为企业级，其价格可达数千；低档次宽带路由器的性能基本能满足像家庭、学校宿舍以及办公室等应用环境的需求，其价格也在几十元至几百元，是家庭、学校宿舍用户的组网首选产品之一。不管是高档次路由器还是低档次路由器，基本上都具有如下所示的常见功能。

● **MAC功能：** 大多数宽带运营商都会将MAC地址和用户的ID、IP地址捆绑在一起，以此进行用户上网认证。如果宽带路由器带有MAC地址功能，则可以将将网卡上的MAC地址写入，让服务器通过接入时的MAC地址验证，从而获取宽带接入认证。

● **转换功能：** 转换（NAT）功能可以将局域网内分配给每台电脑的IP地址转换成合法注册的Internet实际IP地址，从而使内部网络的每台电脑可直接与Internet上的其他主机进行通信。

● **配置协议：** DHCP能自动将IP地址分配给登录到TCP/IP网络的电脑，并提供安全、可靠和简单的网络设置，避免地址冲突。

● **防火墙功能：** 防火墙可以对流经它的网络数据进行扫描，从而过滤掉攻击信息；可以关闭不使用的端口，防止黑客攻击；可以禁止特定端口流出信息，禁止来自特殊站点的访问。

● **虚拟专用网：** 虚拟专用网（VPN）可以利用Internet公用网络建立一个拥有自主权的私有网络，一个安全的VPN包括隧道、加密、认证、访问控制和审核技术。对于企业来说，不仅可以节约开支，还能保证信息安全。

● **DMZ功能：** DMZ可以减少为不信任客户提供服务而引发的危险，还能将公众主机和局域网络设施分离开来。大部分宽带路由器只可选择单台PC开启DMZ功能，少部分功能比较齐全的宽带路由器可以设置多台PC提供DMZ功能。

● **DDNS功能：** DDNS是动态域名服务，可以将用户电脑中的动态IP地址映射到一个固定的域名解析服务器上，使IP地址与固定域名绑定，进而完成域名解析任务。

7.2 网络配置

用户在使用网络之前，需要对操作系统进行一些必要的网络设置，包括IP地址、映射网络驱动器、配置路由器以及安装网络协议等。

7.2.1 电脑连接上网的方式

想要使用电脑上网，就必须使电脑连接到网络中。其中，常见的上网方式有3种，分别是PPPoE、静态IP地址和动态IP地址。

PPPoE

与传统的接入方式相比，PPPoE具有较高的性价比，它在包括小区组网建设等一系列应用中被广泛采用，目前流行的宽带接入方式ADSL 就使用了PPPoE协议，也就是我们常说的"宽带拨号上网"。

宽带拨号上网是当前最广泛的宽带接入方式，运营商分配宽带用户名和密码，通过用户名和密码进行用户身份认证。如果电脑与宽带直接连接，需要在电脑上进行宽带PPPoE拨号才可以上网，如图7-5所示。

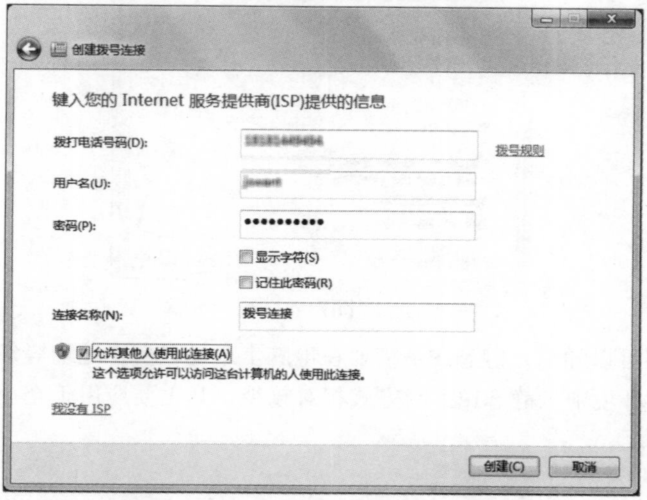

图7-5

通过ADSL方式上网的电脑大部分都是通过以太网卡（Ethernet）与互联网相连的，使用的同样还是普通的TCP/IP方式，并没有附加新的协议。另外，调制解调器的拨号上网，使用的是PPP协议（Point to Point Protocol），即点到点协议，该协议具有用户认证及通知IP地址的功能。PPP over Ethernet（PPPoE）协议，是在以太网络中转播PPP帧信息的技术，尤其适用于ADSL等方式。

TIPS PPPoE上网注意事项

PPPoE上网的宽带账号、密码都是由运营商分配。现在许多用户基本上都是使用路由器连接网络，不过在使用路由器之前，最好将电脑单独连接宽带，测试使用该账号、密码拨号可以上网，以确保用户名、密码正确。其中，常见PPPoE拨号上网的宽带有ADSL、我的E家、小区宽带、光纤宽带等。简单来说，PPPoE拨号是使用宽带账号、密码进行拨号的上网方式。

静态IP地址

静态IP地址也叫做固定IP地址，是长期分配给一台电脑或网络设备使用的IP地址，也是以太网线接入的上网方式之一，由运营商提供固定的IP地址、网关以及DNS地址。如果电脑与宽带直接连接，需要将运营商提供的固定IP地址等参数手动填写在电脑中，电脑才能正常上网，如图7-6所示。

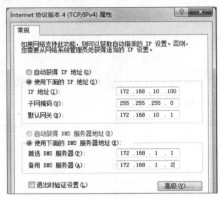

图7-6

从上图可以知道，静态IP是需要在电脑上手动设置IP地址等参数的上网方式。在家庭环境中，静态IP上网方式相对较少，其主要应用于企业、校园内部网络等环境。

动态IP地址

动态IP也叫自动获得IP地址上网，是指在需要的时候才进行IP地址分配的方式，即电脑通过宽带自动获取IP地址、子网掩码、网关以及DNS地址。如果电脑与宽带直接连接，只需将电脑设置为自动获取IP即可，如图7-7所示。

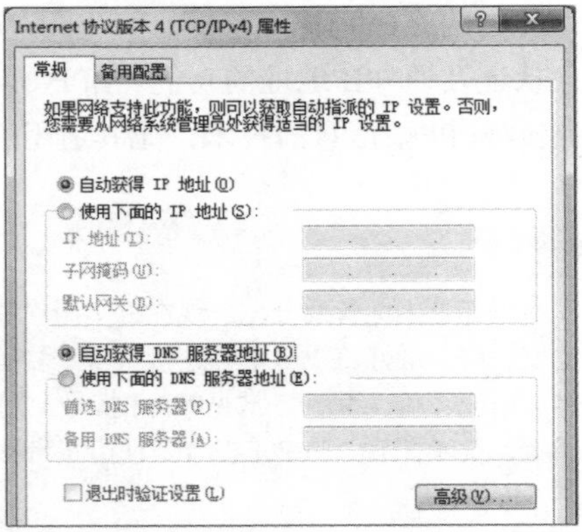

图7-7

在动态IP上网方式中，不需要输入任何账号或密码，只需要将电脑设置为自动获取IP地址和DNS服务器地址即可。其中，动态IP上网方式主要应用于校园、酒店以及企业内网等环境。简单来说，动态IP不需要进行任何设置，只要连接上宽带线后就可以直接上网。

7.2.2 配置IP地址

IP地址是指互联网协议地址（Internet Protocol Address，IP Address的缩写），是IP协议提供的一种统一的地址格式，它为互联网上的每一个网络和每一台主机分配一个32bit的逻辑地址，以此来屏蔽物理地址的差异。如果使用局域网连接网络，为防止IP冲突，可手动配置IP地址。

01 打开"网络和共享中心"窗口	*02* 打开"网络连接"窗口
❶在桌面上"网络"图标上右击，❷在弹出的快捷菜单中选择"属性"命令。 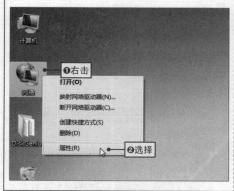	打开"网络和共享中心"窗口，在左侧的列表中单击"更改适配器设置"超链接。 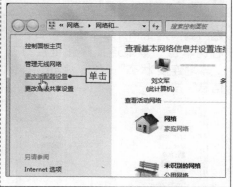
03 打开"本地连接 属性"窗口	
❶在打开的"网络连接"窗口中选择"本地连接"选项并在其上右击，❷在弹出的快捷菜单中选择"属性"命令。	

04 打开协议属性

打开"本地连接 属性"窗口，❶选择"Internet协议版本 4（TCP/IPv4）"选项，❷单击"属性"按钮。

05 设置静态IP地址

❶在打开的对话框中进行IP配置，❷设置完后单击"确定"按钮返回上级对话框。

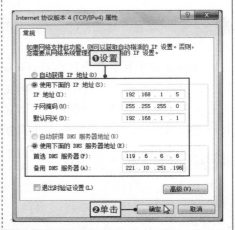

06 打开"本地连接 状态"窗口

返回到"网络和共享中心"窗口，在右侧单击"本地连接"超链接打开"本地连接 状态"窗口，单击"详细信息"按钮。

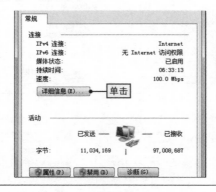

07 查看网络的详细信息

打开"网络连接详细信息"对话框，即可查看到已经配置好的本地连接IP地址，然后单击"关闭"按钮即可关闭窗口。

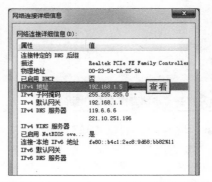

7.2.3 建立映射网络驱动器

映射网络驱动器是指将局域网中某台电脑的共享文件夹映射到自己电脑上的某个磁盘中，从而提高文件的访问效率。

01 打开"映射网络驱动器"窗口	02 映射网络驱动器
❶在桌面上选择"计算机"图标，并在其上右击，❷选择"映射网络驱动器"命令。	打开"映射网络驱动器"窗口，❶指定驱动器号，❷单击"浏览"按钮并选择目标文件夹。
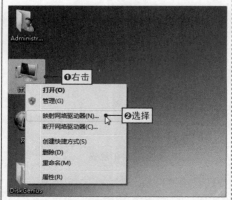	

03 查看映射效果	
单击"完成"按钮后，在"计算机"窗口中就可看到建立的映射网络驱动器，双击该驱动器，可查看到该文件夹的内容。 **TIPS 断开网络驱动器** 在"计算机"图标上右击，选择"断开网络驱动器"命令。然后在对话框中选择要断开连接的驱动器，单击"完成"按钮即可断开映射驱动器。	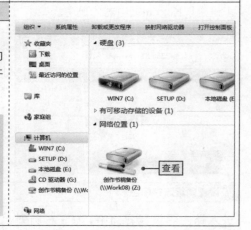

7.2.4 配置路由器

　　路由器（Router）是连接因特网中各局域网、广域网的设备，它会根据信道的情况自动选择和设定路由，以最佳路径，按前后顺序发送信号。同时，路由器可以从逻辑上对整个网络进行划分，提高网络的整体效率。

　　目前，路由器的种类有很多，某些还附加有网络防火墙的功能，普通用户常用的路由器有TP-Link、Netcore、Tenda以及水星等品牌，如图7-8所示。

图7-8

　　虽然路由器可以实现宽带共享功能，但是路由器买回家后，并不能直接使用，还是需要对其进行相关设置，其具体操作如下。

01 输入路由器地址	**02 输入路由器登录名和密码**
连接好路由器后，在浏览器地址栏输入"192.168.1.1"，按【Enter】键（这里以Netcore路由器为例）。	❶在打开的提示对话框中输入进入该路由器的用户名和密码，❷单击"确定"按钮。

03 设置网络账户信息	
进入路由器设置界面中，❶在左侧列表中选择"WAN设置"选项，❷在"WAN设置"选项卡中选中"PPPoE用户"单选按钮，❸依次输入网络账户和密码等信息，最后单击"应用"按钮。	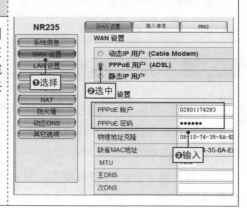

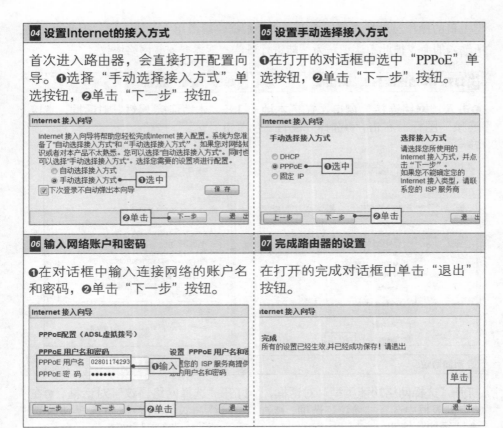

04 设置Internet的接入方式

首次进入路由器,会直接打开配置向导。❶选择"手动选择接入方式"单选按钮,❷单击"下一步"按钮。

Internet 接入向导

Internet 接入向导将帮助您轻松完成Internet 接入配置。系统为您准备了"自动选择接入方式"和"手动选择接入方式"。如果您对网络知识或者对本产品不太熟悉,您可以选择"自动选择接入方式"。同时也可以选择"手动选择接入方式"。选择您需要的设置项进行配置。

○ 自动选择接入方式
◉ 手动选择接入方式 ●—❶选中
☑ 下次登录不自动弹出本向导　　　　　　保 存

❷单击—下一步　　退 出

05 设置手动选择接入方式

❶在打开的对话框中选中"PPPoE"单选按钮,❷单击"下一步"按钮。

Internet 接入向导

手动选择接入方式　　　选择接入方式
○ DHCP　　　　　　　　请选择您所使用的Internet 接入方式,并点击"下一步"。
◉ PPPoE ●—❶选中　　如果您不能确定您的Internet 接入类型,请联系您的 ISP 服务商
○ 固定 IP

上一步　　下一步　❷单击　　退 出

06 输入网络账户和密码

❶在对话框中输入连接网络的账户名和密码,❷单击"下一步"按钮。

Internet 接入向导

PPPoE配置（ADSL虚拟拨号）

PPPoE 用户名和密码
PPPoE 用户名　02801174293　　　设置 PPPoE 用户名和密码
PPPoE 密 码　●●●●●● ●—❶输入　请输入您的 ISP 服务商提供的用户名和密码

上一步　　下一步　❷单击　　退 出

07 完成路由器的设置

在打开的完成对话框中单击"退出"按钮。

Internet 接入向导

完成
所有的设置已经生效,并已经成功保存! 请退出

单击

退 出

SKILL Netcore路由器的其他功能设置

某些路由器有防火墙的功能,可对局域网网络进行控制。Netcore路由器可进行MAC过滤、互联网访问控制以及URL过滤等设置,如图7-9所示。

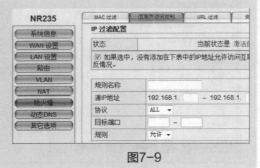

图7-9

7.2.5 安装网络协议

　　网络协议为计算机网络中进行数据交换而建立的规则、标准或约定的集合,访问某些网络需要特定的协议支持。例如,网络中一个微机用户和一个大

型主机的操作员进行通信，由于这两个数据终端所用字符集不同，因此操作员所输入的命令彼此不认识。为了能进行通信，就需要安装网络协议。

01 打开"本地连接 属性"对话框	02 单击"安装"按钮
❶进入"网络连接"窗口，在"本地连接"图标上右击，❷选择"属性"命令。	打开"本地连接 属性"对话框，直接单击"安装"按钮。

03 添加协议	04 完成网络协议安装
打开"选择网络功能类型"对话框，❶在列表框中选择"协议"选项，❷单击"添加"按钮。	打开"选择网络协议"对话框，❶在"网络协议"列表框中选择协议选项，❷单击"确定"按钮。

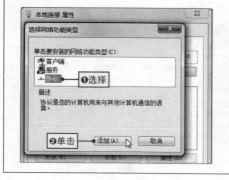 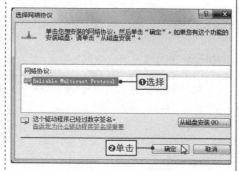

TIPS 网络协议安装的注意事项

电脑的网络协议有很多，如果没有安装某一个协议，在"选择网络协议"对话框的"网络协议"列表框中会有显示。如果已经安装好所有的协议（并不是所有的协议都需要安装），那么"网络协议"列表框中就会显示空白。

7.3 用命令维护网络

作为一名电脑用户，最好掌握一些常用的DOS命令，因为部分命令在日常的网络维护中经常会被使用到，如ping命令、netstat命令以及tracert命令等。

而输入命令的方式也很简单，只需要在"开始"菜单中选择"所有程序/附件/命令提示符"命令，即可打开"管理员：命令提示符"窗口，用户只需要在该窗口中输入相应命令即可。

7.3.1 ping命令

ping是个使用频率极高的实用程序，主要用于确定网络的连通性，从而帮助我们分析判定网络故障。这对确定网络是否正确连接，以及网络连接的状况十分有用。简单的说，ping就是一个测试程序，如果ping运行正确，大体上就可以排除网络访问层、网卡、Modem的输入输出线路、电缆和路由器等存在的故障，从而缩小问题的范围。

● **获取ping命令的帮助：**打开"管理员：命令提示符"窗口，在其中输入"ping /?"命令，可查看ping命令语法格式和参数说明，如图7-10所示。

图7-10

● **使用ping命令测试网络连通性：**通常情况下，ping命令用于测试网络连通性，输入"ping+空格+IP地址"，按【Enter】键开始测试，如测试本机与www.baidu.com网站是否连通，如图7-11所示。其中，测试是向目标主机发送4次数据，并请求恢复，如无数据丢失，表明网络是连通的。

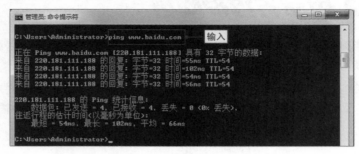

图7-11

● **使用ping命令测试协议：** 在"管理员：命令提示符"窗口中输入"ping 127.0.0.1"命令，可测试本地电脑是否安装TCP/IP协议，如图7-12所示。

图7-12

● **使用ping命令测试局域网连接情况：** 在"管理员：命令提示符"窗口中输入"ping 192.168.1.1（本地电脑的路由器地址）"命令，可测试本地电脑与局域网是否连通，如图7-13所示。

图7-13

● **连续执行ping命令：** ping命令默认只发送4次，如果连续执行ping命令，只需输入"ping+空格+IP地址+空格+-t"即可，如输入"ping www.baidu.com -t"，如图7-14所示。如果要停止执行ping命令，按【Ctrl+C】组合键可。

图7-14

7.3.2 netstat命令

netstat命令是控制台命令，是一个监控TCP/IP网络的非常实用的工具，它可以显示路由表、实际的网络连接以及每一个网络接口设备的状态信息。netstat用于显示与IP、TCP、UDP和ICMP协议相关的统计数据，一般用于检验本机各端口的网络连接情况。

如果电脑有时接收到的数据包导致出错数据或故障，不要觉得电脑出现了问题，因为TCP/IP可以容许这些类型的错误，并能够自动重发数据包。但累计的出错情况数目占到所接收的IP数据报相当大的百分比，或持续增加，则需要使用netstat命令核查一下具体原因。

● **显示所有网络连接和侦听端口：** 在"管理员：命令提示符"窗口中输入"netstat -a"命令，可显示所有网络连接和侦听端口，如图7-15所示。

图7-15

● **显示所涉及的可执行程序：** 在"管理员：命令提示符"窗口中输入"netstat
-b"命令，可显示在创建网络连接和侦听端口时所涉及的可执行程序，如图
7-16所示。

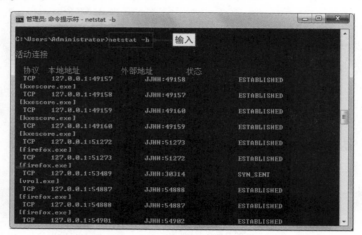

图7-16

● **显示已创建的有效连接：** 在"管理员：命令提示符"窗口中输入"netstat
-n"命令，可显示已创建的有效连接，并以数字的形式显示本地地址和端口
号，如图7-17所示。

图7-17

● **显示每个协议的各类统计数据：** 在"管理员：命令提示符"窗口中输入
"netstat -s"命令，可显示每个协议的各类统计数据，查看网络存在的连
接，显示数据包的接收和发送情况，如图7-18所示。

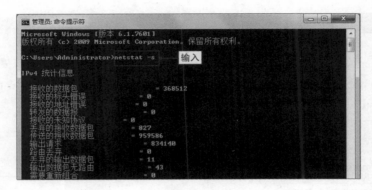

图7-18

● **显示关于以太网的统计数据：** 在"管理员：命令提示符"窗口中输入 "netstat -e"命令，可显示关于以太网的统计数据，包括传送的字节数、数据包和错误等，如图7-19所示。

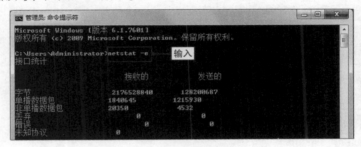

图7-19

● **显示路由表信息及当前的有效连接：** 在"管理员：命令提示符"窗口中输入 "netstat -r"命令，可显示关于路由表的信息，还显示了当前的有效连接，如图7-20所示。

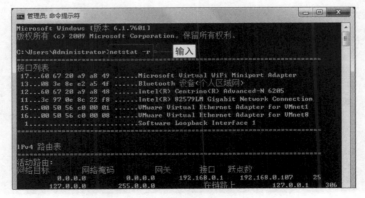

图7-20

7.3.3 tracert命令

tracert命令是路由跟踪实用程序，用于确定 IP数据包访问目标所采取的路径。tracert命令的格式为：tracert [-d] [-h maximum_hops] [-j host-list] [-w timeout] [-R] [-S srcaddr] [-4] [-6] target_name，其参数介绍如图7-21所示。

-d
不将地址解析成主机名。

-h maximum_hops
表示搜索目标的最大活跃点数。

-j host-list
表示与主机列表一起的松散源路由（仅适用于IPv4）。

-w timeout
表示等待每个回复的超时时间（以毫秒为单位）。

-R
表示跟踪往返行程路径（仅适用于IPv6）。

-S srcaddr
表示要使用的源地址（仅适用于IPv6）。

-4和-6
表示强制使用IPv4或者IPv6。

target_name
表示目标主机的名称或者IP地址。

图7-21

tracert命令与ping命令类似，通过"tracert命令+IP地址"的形式可跟踪发送到该IP的数据包所走的路线，显示通过该IP的时间，如图7-22所示。

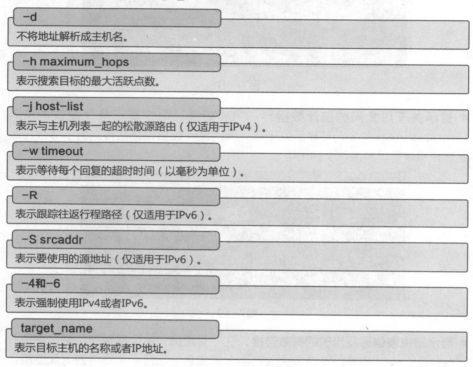

图7-22

7.3.4　其他常用命令

网络维护中比较重要的手段，就是用命令查看网络连接状态、检测网络故障并进行相关操作，除了前面介绍的命令，常用的命令还有以下几个。

route命令

route命令用于操作网络路由表，其命令格式为：route [-f] [-p] [-4 | -6] [command] [destination] [MASK netmask] [gateway] [METRIC metric] [IF interface]，命令的参数说明如图7-23所示。

-f
清除所有网关项的路由表，清除后该主机会断开互联网连接。

-p
与add一起使用，使路由设置为在系统引导期间不变。

command
可以是pring、add、delete、change其中之一。

destination
指定主机。

MASK Netmask
指定此路由项的子网掩码值为"网络掩码"

Gateway
指定网关。

METRIC Metric
为路由指定所需跃点数的整数值。

IF interface
指定可到达路由的接口号码。

图7-23

ipconfig命令

ipconfig命令用于显示Windows当前的IP配置，默认条件下只显示绑定到TCP/IP的适配器的IP地址、子网掩码和默认网关。如图7-24所示为在"管理员：命令提示符"窗口中直接输入ipconfig命令获取的结果。

图7-24

arp命令

arp命令用于显示和修改"地址解析协议"缓存中的项目，arp缓存中包含一个或多个表，它们用于存储IP地址及其经过解析的以太网或令牌环物理地址。电脑上安装的每一个以太网或令牌环网络适配器都有自己单独的表，如果在没有参数的情况下使用，则arp命令将显示帮助信息。

只有当TCP/IP协议在网络连接中安装为网络适配器属性的组件时，该命令才可用。其中，arp命令的格式为：arp [-a [inet_addr] [-N if_addr] [-v]] [-d inet_addr [if_addr]] [-s inet_addr eth_addr [if_addr]]，命令的参数说明如图7-25所示。

−a [inet_addr] [−N if_addr] [−v]
表示显示所有接口的当前arp缓存表。这里的"inet_addr"代表指定Internet地址，"-N if_addr"代表指定接口的arp项，参数N需要大写，"-v"表示在详细模式下显示当前arp项。

−d inet_addr [if_addr]
表示删除指定的主机名称。"inet_addr"和"if_addr"与前面的意思一致。

−s inet_addr eth_addr [if_addr]
添加主机并将Internet地址和物理地址相关联。"eth_addr"表示物理地址，"if_addr"表示如果存在，则此项指定地址转换表应修改接口的Internet地址，否则使用第1个适用接口。

图7-25

nbtstat命令

nbtstat命令用于显示协议统计和当前使用NBI的TCP/IP连接，一般用nbtstat -n命令查看电脑上网的一些网络信息，如图7-26所示。

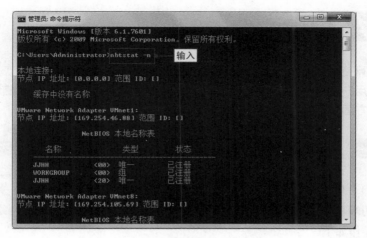

图7-26

net config命令

　　net config用于查阅本地网络配置的统计信息，其命令格式为：net config [service | workstation]，如执行"net config server"命令，如图7-27所示。

图7-27

TIPS　netsh命令介绍

netsh命令是一个Windows系统本身提供的功能强大的网络配置命令行工具，其命令格式为：netsh [-a Aliasfile] [-c Context] [-r Remotemachine] [-u [Domainname]Username] [-p Password | *] [Command | -f ScriptFile]。

7.4 网络安全设置

电脑在连网使用过程中，可能会受到不法分子的攻击，他们利用一些病毒软件进行入侵，导致用户信息的泄露，电脑系统受到严重的侵害。因此，用户需要对电脑进行相关网络安全方面的设置。

7.4.1 关闭不使用的端口

端口是电脑和外界通讯交流的出口，每个服务都有特定的端口，关闭一些不使用的端口可以有效防范来至网络的恶意攻击，从而保护电脑的网络安全，其具体操作如下。

01 打开"计算机管理"窗口

❶在桌面的"计算机"图标上右击，❷在弹出的快捷菜单中选择"管理"命令。

02 显示服务列表

打开"计算机管理"窗口，❶展开"服务和应用程序"目录，❷选择"服务"选项。

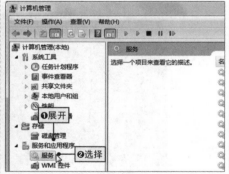

03 进入服务属性对话框

此时，窗口右侧会显示出"服务"栏，❶在列表框中选择"Telnet"选项，并在其上右击，❷选择"属性"命令。

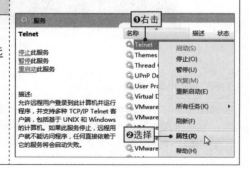

04 停止服务	05 禁用服务
在打开的"Telnet的属性（本地计算机）"对话框中单击"停止"按钮停止当前服务的运行。	❶在"启动类型"下拉列表中选择"禁用"选项，❷单击"确定"按钮即可关闭目标端口。

TIPS 合理禁用端口

当用户禁用了电脑的某些服务后，可能导致某些程序无法正常运行。因此，需要合理的禁用不需要的服务。例如，Terminal Services服务（允许用户以交互方式连接到远程计算机）、Remote Registry服务（使远程计算机用户修改本地注册表）以及Special Administration Console Helper服务（允许管理员使用紧急管理服务远程访问命令行提示符）等。

7.4.2 禁止远程访问注册表

在电脑系统中，如果允许用户远程修改注册表键值，则可能会带来很大的系统安全隐患，所以用户最好禁止远程访问注册表。

01 打开"系统和安全"窗口	
通过"开始"菜单打开"控制面板"窗口，然后直接单击"系统和安全"超链接。	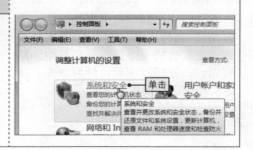

02 打开"管理工具"窗口

打开"系统和安全"窗口，在右侧列表中单击"管理工具"超链接。

03 打开"本地安全策略"窗口

打开"管理工具"窗口，双击"本地安全策略"选项。

04 停止服务

打开"本地安全策略"窗口，❶在右侧展开"安全设置/本地策略"目录，❷选择"安全选项"选项。

05 打开策略的属性对话框

❶选择"网络访问：可远程访问的注册表路径"选项，并在其上右击，❷选择"属性"命令。

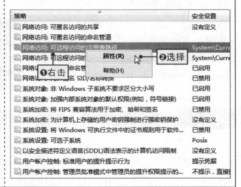

06 删除策略内容

打开"网络访问：可远程访问的注册表路径 属性"对话框，在"本地策略设置"选项卡中选择列表框中的所有内容，并将其删除，然后单击"确定"按钮确认设置。

07 打开策略的属性对话框

返回到"本地安全策略"窗口中，❶选择"网络访问：可远程访问的注册表路径和子路径"选项，并在其上右击，❷选择"属性"命令。

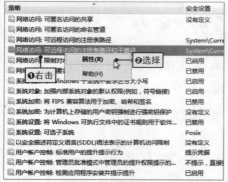

08 删除策略内容

打开"网络访问：可远程访问的注册表路径和子路径 属性"对话框，删除"本地策略设置"选项卡的列表框中所有内容，然后单击"确定"按钮。

09 打开策略的属性对话框

返回到"本地安全策略"窗口中，双击"网络访问：不允许SAM账户的匿名枚举"选项。

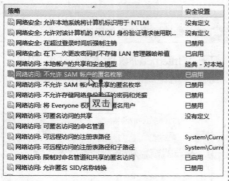

10 启用策略

打开"网络访问：不允许SAM账户的匿名枚举 属性"对话框，选中"已启动"单选按钮，单击"确定"按钮。

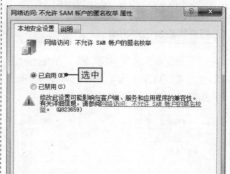

TIPS 其他注册表安全策略设置

在"本地安全策略"窗口中，用户还可以编辑很多关于账户和网络方面的安全策略。在设置网络安全策略时，可以在"网络访问：可匿名的共享"、"网络访问：可匿名的命名管道"等选项的属性中将文本框中的内容删除，以达到保护网络安全的目的。

7.4.3　禁用NetBIOS

NETBIOS协议是由IBM公司开发，主要用于小型局域网，作用是为了给局域网提供网络以及其他特殊功能。禁用NetBIOS后，可使局域网用户不可使用双斜杠访问该用户，从而保护电脑的安全。

01 打开"网络连接"窗口	02 选择本地连接

打开"网络和共享中心"窗口，在右侧列表中单击"更改适配器设置"超链接。

❶在打开的窗口中选择"本地连接"选项，并在其上右击，❷选择"属性"命令。

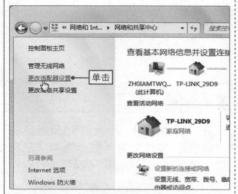

03 打开网络属性对话框	04 对本地连接进行高级设置

❶在打开的对话框中选择"Internet协议版本4（TCP/IPV4）"选项，❷单击"属性"按钮。

打开"Internet协议版本4（TCP/IPV4）属性"对话框，单击"高级"按钮。

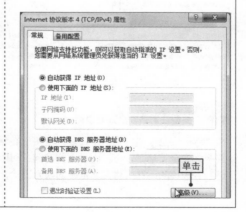

05 禁用NetBIOS

打开"高级TCP/IP设置"对话框，❶单击"WINS"选项卡，❷选中"禁用TCP/IP上的NetBIOS(S)"单选按钮，❸单击"确定"按钮即可。

TIPS WINS的含义

WINS是Windows Internet命名服务，能为系统提供一个分布式数据库，能在路由网络的环境中动态地对IP地址和NetBIOS名的映射进行注册与查询。WINS的主要功能是用来登记NetBIOS计算机名，并在需要时将它解析成为IP地址。

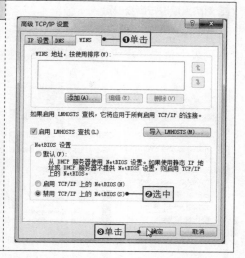

7.4.4   新建Windows防火墙入站规则

Windows防火墙是能够有效阻止来自网络的恶意攻击，提高电脑上网的安全性。用户还可以新建入站和出站规则，从而阻挡或者允许特定程序或者端口进行连接。

01 打开"系统和安全"窗口	02 进入防火墙设置窗口
打开"控制面板"窗口，直接单击"系统和安全"超链接。	打开"系统和安全"窗口，直接单击"Windows防火墙"超链接。

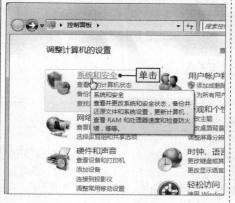

03 对防火墙进行高级设置

打开"Windows防火墙"窗口，在左侧列表中单击"高级设置"超链接。

04 新建规则

❶在打开的"高级安全Windows防火墙"窗口的"入站规则"选项上右击，❷选择"新建规则"命令。

05 选择规则的类型

在"新建入站规则向导"对话框中选择要创建的规则类型，然后单击"下一步"按钮。

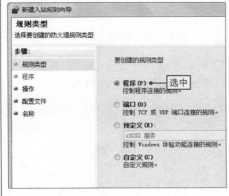

06 选择要禁用的程序

❶在打开的对话框中选中"此程序路径"单选按钮，❷设置要禁止的程序，然后单击"下一步"按钮。

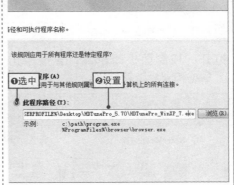

TIPS 防火墙的相关介绍

防火墙是确保用户信息安全、上网安全的重要保障，除了电脑自带的防火墙功能外，还有天网防火墙、思科防火墙和360防火墙等常见的防火墙。对于普通上网用户而言，为了避免防火墙占用系统过多的资源，一般开启Windows防火墙，并配合使用360安全卫士的木马防火墙功能就可以达到很好的防护效果。

07 阻止程序的连接

在打开的"操作"对话框中选中"阻止连接"单选按钮,然后单击"下一步"按钮。

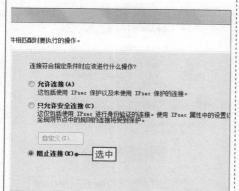

08 设置应用规则的区域

在打开的"配置文件"对话框中选择何时启用该规则(这里选中所有的复选框),然后单击"下一步"按钮。

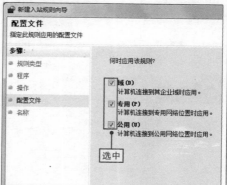

09 输入规则的名称

❶在打开的"名称"对话框的"名称"文本框中输入规则的名称,❷单击"完成"按钮。

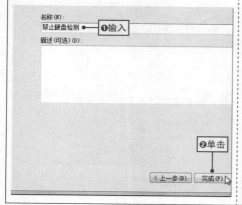

10 禁用规则

❶在"入站规则"窗格中右击新创建的规则,❷选择"禁用规则"命令即可禁用该规则。

7.4.5　IE安全设置

Internet Explorer是目前使用最广泛的浏览器,是访问网络的载体。而浏览器往往也是恶意程序攻击的入口,为了确保能安全上网,用户需要对Internet Explorer浏览器进行安全设置。

01 选择"Internet选项"命令

打开IE浏览器，❶在页面右上角单击"设置"按钮，❷选择"Internet选项"命令。

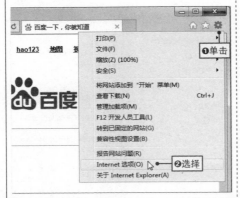

02 自定义设置

打开"Internet选项"对话框，❶单击"安全"选项卡，❷单击"自定义级别"按钮。

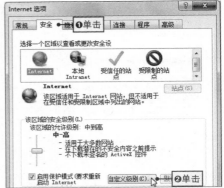

03 禁用脚本

打开"安全设置-Internet区域"对话框，❶在"脚本"选项下选中"禁用"单选按钮，❶单击"确定"按钮。

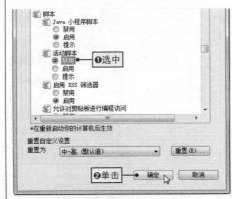

04 选择"本地Intranet"选项

返回到"Internet选项"对话框中，❶选择"本地Intranet"选项，❷单击"站点"按钮。

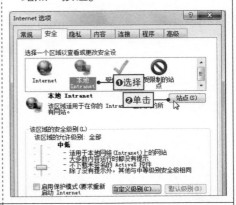

05 单击"高级"按钮

打开"本地Intranet"对话框，直接单击"高级"按钮。

06 添加站点

❶在"将该网站添加到区域"文本框中输入网站地址，❷单击"添加"按钮，然后关闭对话框。

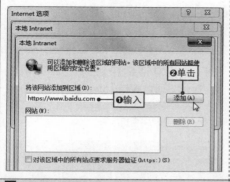

07 单击"站点"按钮

返回到"Internet选项"对话框中，❶选择"受信任的站点"选项，❶单击"站点"按钮。

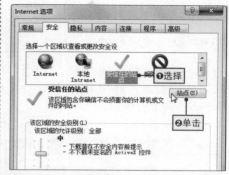

08 设置受信任站点

❶在打开的"受信任的站点"对话框的文本框中输入网站地址，❷单击"添加"按钮，然后关闭对话框。

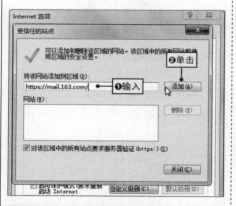

09 单击"设置"按钮

返回到"Internet选项"对话框中，❶单击"内容"选项卡，❷在"自动完成"栏中单击"设置"按钮。

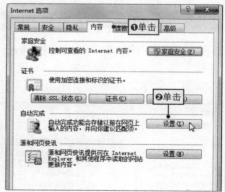

10 完成相关设置

打开"自动完成设置"对话框，在"自动完成功能应用于"栏中取消选中所有复选框，然后单击"确定"按钮即可完成操作。

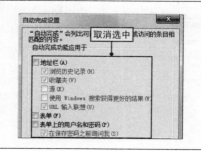

7.4.6 控制程序自动下载

　　由于网络中很多程序会在后台进行，用户无法直接看到，所以用户在上网的过程中，某些程序不知不觉就下载到本地电脑上并自动运行，从而导致电脑的安全受到威胁，甚至出现电脑故障。此时，就需要控制程序自动下载。

01 打开本地组策略编辑器	02 展开目录
打开"运行"对话框，❶在"打开"文本框中输入"gpedit.msc"命令，❷单击"确定"按钮。	在打开的对话框中展开"计算机配置\管理模版\Windows组件\Internet Explorer\安全功能"目录，选择"限制文件下载"选项。

 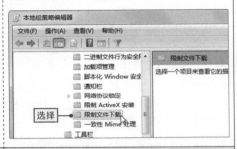

03 打开"Internet Explorer进程"对话框	04 限制文件执行自动下载
❶在右侧窗格中选择"Internet Explorer进程"选项，并在其上右击，❷选择"编辑"命令。	在打开的对话框中选中"已启用"单选按钮，单击"确定"按钮即可限制任何文件执行自动下载。

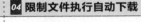

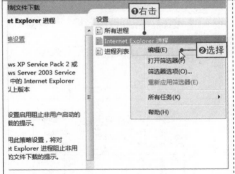 

软件管理与系统优化

学习目标

软件是用户与电脑交流的重要工具，承载着众多功能，满足用户实际的工作与生活需要。而电脑在使用的过程中，软件、操作系统等都会发生变化，为适应电脑在运行过程中的变化，需要进行管理和优化。

知识要点

- 卸载软件
- 关闭Windows自动播放
- 加快系统启动速度
- 整理磁盘碎片
- 用360安全卫士进行电脑体检

......

8.1 软件管理

软件管理其实就是在电脑中对软件进行下载、安装、更新或卸载等，第六章对软件的下载与安装进行了介绍，这里我们就不再讲解。

8.1.1 卸载软件

卸载软件是通过卸载程序进行，就是协助用户删除程序文件与文件夹，以及从注册表中删除相关数据的操作，从而释放占用的磁盘空间并使软件不再存在于系统中，其具体操作如下。

01 打开"程序和功能"窗口	02 选择需要卸载的程序
打开"控制面板"窗口，单击"卸载程序"超链接，从而打开"程序和功能"窗口。	❶在"卸载或更改程序"列表中选择需要卸载的程序选项，❷单击"卸载/更改"按钮。

 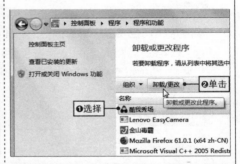

03 开始卸载程序	04 程序卸载完成
在打开的程序卸载窗口中直接单击"卸载"按钮。	程序将自动进行卸载，完成后单击窗口右上角的"关闭"按钮即可。

 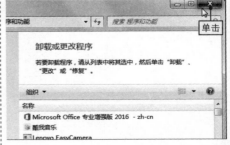

8.1.2 用360软件管家管理软件

360软件管家是360安全卫士提供的一款集下载、安装、升级、卸载以及购买软件的管理工具；软件库中收录万款正版软件，均经过360安全中心白名单检测，提供用户高速下载、去插件安装以及一键卸载恶意软件等特色功能，是360安全卫士的一个功能组件，其使用方法如下。

01 进入360软件管家界面	**02 打开"设置"对话框**
打开360安全卫士软件，在菜单栏中单击"软件管家"按钮。	❶在360软件管家界面中单击"更多"下拉按钮，❷选择"设置"命令。

03 设置下载文件的保存路径	**04 设置安装升级属性**
在打开的"设置"对话框的"下载设置"栏中设置程序的下载目录。	❶单击"安装升级"选项卡，❷取消选中"开启一键安装，一键升级功能"复选框，然后单击"确定"按钮。
	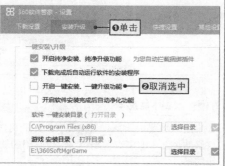

05 对软件进行升级

返回到360软件管家的主界面，❶单击"升级"按钮，❷单击要升级软件后的"升级"按钮，可根据提示将目标软件升级到最新版本。

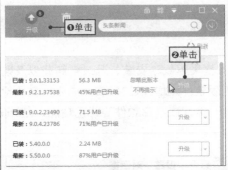

06 卸载软件

❶在360软件管家的主界面单击"卸载"按钮，❷在要卸载的软件右侧单击"卸载"按钮打开对话框，可根据提示卸载目标软件。

07 对电脑进行净化扫描

在主界面中单击"净化"按钮，单击"全面净化"按钮，程序将对电脑进行扫描。

08 一键净化软件

❶在扫描结果中选中问题选项前的复选框，❷单击"一键净化"按钮即可清除所有的问题软件。

TIPS 快速下载软件

如果用户想要快速下载与安装软件，在可以在360软件管家主界面单击"宝库"按钮，在打开的页面中即可查看到当前比较热门的软件，直接单击目标软件下方的"立即下载"按钮即可。

8.2 系统优化

系统优化可以尽可能减少电脑执行的进程、更改工作模式、删除不必要的中断让电脑运行更有效；优化文件位置使数据读写更快；空出更多的系统资源供用户支配；减少不必要的系统加载项及自启动项。简单来说，系统优化就是为了提高电脑的运行速度。

8.2.1 关闭Windows自动播放

　　Windows自动播放功能可自动打开连接电脑的某些设备，如移动硬盘、光盘以及U盘等，为用户操作外部存储设备提供便捷。不过，自动播放也会给木马病毒文件可乘之机，给电脑安全带来极大的危害，并影响系统速度。此时，可以关闭Windows自动播放功能，其操作如下。

01 打开"本地组策略编辑器"窗口	02 展开目录
打开"运行"对话框，❶在"打开"文本框中输入"gpedit.msc"命令，❷单击"确定"按钮。	在打开的窗口中展开"计算机配置/管理模板/Windows组件"目录，选择"自动播放策略"选项。
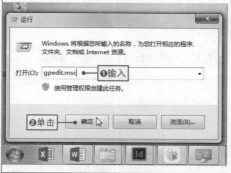	

03 打开"关闭自动播放"对话框	
❶在右侧的"设置"栏中选择"关闭自动播放"选项，并在其上右击，❷在弹出的快捷菜单中选择"编辑"命令。	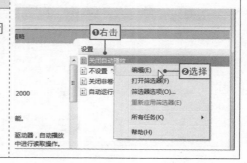

04 关闭自动播放功能

打开"关闭自动播放"对话框，❶选中"已启用"单选按钮，❷在"选项"栏中单击"关闭自动播放"下拉按钮，❸在打开的下拉列表中选择"所有驱动器"选项，最后单击"确定"按钮即可完成操作。

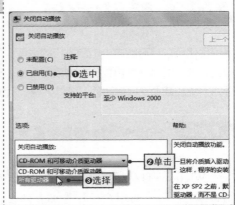

8.2.2 关闭Windows自动更新

　　Windows Update是Windows操作系统自带的一种自动更新工具，经常会更新一些系统漏洞使系统更加安全。

　　不过，Windows自动更新能自动提醒下载并安装更新，这样不仅会占用大量的网速，还会占用大量的硬件，从而影响电脑的运行速度。为了确保网络速度和电脑性能，用户可以关闭该功能，其操作步骤如下。

01 打开"系统和安全"窗口

打开"控制面板"窗口，直接单击"系统和安全"超链接。

02 打开"Windows Update"窗口

打开"系统和安全"窗口，单击"Windows Update"超链接。

03 打开"更改设置"窗口

打开"Windows Update"窗口，在左侧列表中单击"更改设置"超链接，打开"更改设置"窗口。

04 关闭自动更新功能

❶选择"重要更新"下拉列表中的"检查更新，但是让我选择是否下载和安装更新"选项，❷取消选中下面的两个复选框，单击"确定"按钮。

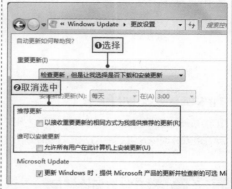

8.2.3 加快系统启动速度

电脑操作系统的启动速度不仅与开机启动的程序和服务有关，还与处理器有关。默认情况下，Windows 7操作系统使用一个处理器启动，如果想要提高系统的启动速度，则可以增加用于启动的内核数量。

01 打开"系统配置"对话框

打开"运行"对话框，❶在"打开"文本框中输入"msconfig"命令，❷单击"确定"按钮。

02 打开"引导高级选项"对话框

❶在打开的"系统配置"对话框中单击"引导"选项卡，❷单击"高级选项"按钮。

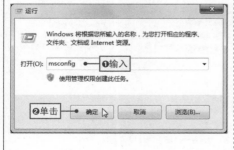
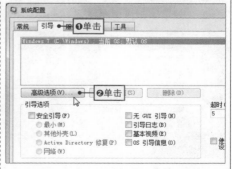

03 设置处理器数

打开"引导高级选项"对话框，❶选中"处理器数"复选框，❷单击其后的下拉按钮，并在列表中选择"2"选项，然后依次单击"确定"按钮即可完成操作。

TIPS 管理系统启动项和服务

在"系统配置"窗口中，用户还可以对系统启动项和服务进行管理，查看BOOT.ini、win.ini、system.ini以及选择启动方式等操作。

8.2.4 提高窗口切换速度

虽然Windows 7操作系统具有很好的视觉效果，但是这些视觉效果会影响到系统的相应速度。为了提高窗口的切换速度，可以关闭一些系统特效。

01 打开"系统"窗口	**02 打开"系统属性"对话框**
❶在桌面上选择"计算机"图标，并在其上右击，❷选择"属性"命令。	打开"系统"窗口，在其左侧列表中单击"高级系统设置"超链接。

03 打开"性能选项"对话框

打开"系统属性"对话框,在"高级"选项卡中单击"设置"按钮,打开"性能选项"对话框。

04 设置窗口的显示属性

❶选中"自定义"单选按钮,❷在其列表框中取消选中"在最大化和最小化时动态显示窗口"复选框,❸单击"确定"按钮即可完成设置。

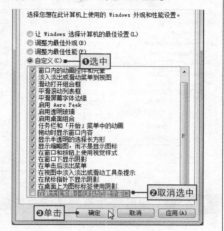

8.2.5　加快关机速度

　　由于电脑操作系统后台运行的程序或配置文件太多等原因,可能会使操作系统的关机速度变得缓慢。此时,可以通过设置来加快关机速度,具体操作如下。

01 打开"注册表编辑器"对话框

打开"运行"对话框,❶在"打开"文本框中输入"regedit"命令,❷单击"确定"按钮。

02 展开目录

打开"注册表编辑器"对话框,展开"HKEY_LOCAL_MACHINE\SYSTEM\CurrentControlSet\Control"目录。

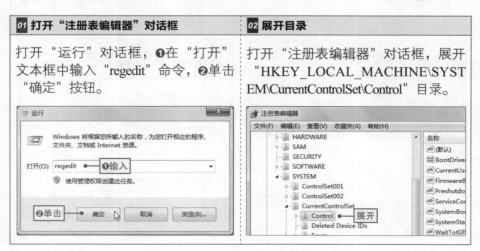

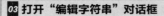

03 打开"编辑字符串"对话框

❶选择 "WaitToKillServiceTimeout" 选项，并在其上右击，❷选择"修改"命令。

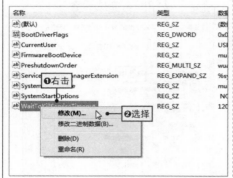

04 编辑数值数据

打开"编辑字符串"对话框，❶将数值数据改为"5000（表示5秒）"，❷单击"确定"按钮即可。

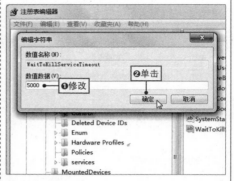

8.2.6 修改操作系统选择菜单的停留时间

用户可以根据实际情况，修改操作系统选择菜单的停留时间，从而加快操作系统的启动速度，其方法如下。

01 打开"系统属性"窗口

打开"系统"窗口，单击"高级系统设置"超链接。

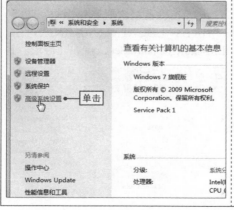

02 打开"启动和故障恢复"对话框

打开"系统属性"窗口，在"高级"选项卡的"启动和故障恢复"栏中单击"设置"按钮。

03 设置显示操作系统列表的时间

打开"启动和故障恢复"对话框，❶选中"显示操作系统列表的时间"复选框，❷在其后的数值框中输入"5"，然后单击"确定"按钮即可完成操作。

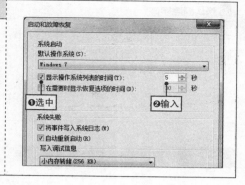

8.2.7 删除多余的无用字体

在Windows操作系统安装时，会默认安装一些字体，而过多的字体文件不仅会占用磁盘空间，还会影响系统整体性能。此时，用户可以删除部分不会使用的字体，用以提高系统的启动和运行速度。

01 打开"外观和个性化"窗口

打开"控制面板"窗口，单击"外观和个性化"超链接。

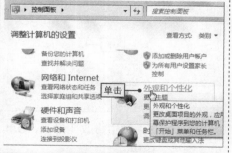

02 打开"字体"窗口

打开"外观和个性化"窗口，单击"字体"超链接。

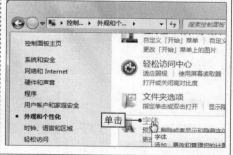

03 选择需要删除的目标字体

打开"字体"窗口，❶在字体列表中选择需要删除的字体，并在其上右击，❷在弹出的快捷菜单中选择"删除"命令。

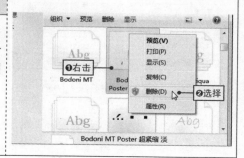

04 确认删除字体

在打开的"删除字体"提示对话框中单击"是"按钮确认删除目标字体。

8.2.8 更改临时文件夹目录

电脑在使用过程中会产生临时文件，系统盘中存在过多的临时文件会对电脑运行产生影响。用户可以更改其保存位置，这样不仅方便对其进行清理，还能提高电脑的运行速度。

01 打开"系统属性"窗口

打开"系统"窗口，单击"高级系统设置"超链接。

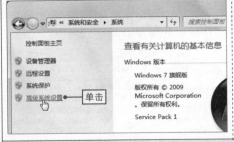

02 打开"环境变量"对话框

打开"系统属性"窗口，在"高级"选项卡中单击"设置"按钮。

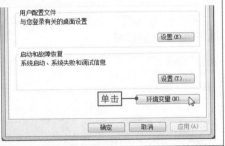

03 选择TEMP变量

❶在打开的对话框中选择"TEMP"选项，❷单击"编辑"按钮。

04 修改TEMP变量值

❶在打开的对话框中修改变量值，❷单击"确定"按钮。

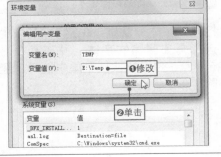

05 选择TMP变量

返回到"环境变量"对话框中，❶在列表中选择"TMP"选项，❷单击"编辑"按钮。

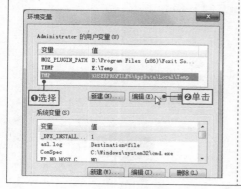

06 修改TMP变量值

打开"编辑用户变量"对话框，❶修改变量值，❷依次单击"确定"按钮即可完成操作。

8.3 优化电脑磁盘

电脑的硬盘具有一定的使用寿命，为了延长它的使用寿命和提升运行速度，用户需要不定时地对硬盘进行优化操作。

8.3.1 磁盘清理

磁盘在使用一段时间之后，会在电脑留下很多垃圾文件，从而占用部分磁盘空间。此时，用户可以定期对磁盘进行清理，以释放磁盘空间，提高磁盘的读取速度，其操作如下。

01 打开"计算机管理"窗口

❶选择"计算机"选项，并在其上右击，❷在弹出的快捷菜单中选择"管理"命令。

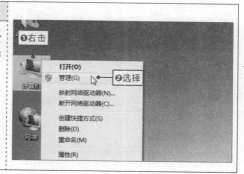

02 打开磁盘的属性对话框

❶展开对话框中的"计算机管理(本地)/存储/磁盘管理"目录，❷在C盘上右击，❸选择"属性"命令。

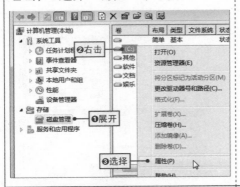

03 打开"磁盘清理"对话框

在打开的"本地磁盘 属性"对话框的"常规"选项卡中单击"磁盘清理"按钮。

04 计算磁盘可释放的空间

打开"磁盘清理"提示对话框，此时系统会计算磁盘中可以释放的空间。

05 选择需要删除的文件

在打开的对话框中选中需要删除文件所在的复选框，单击"确定"按钮。

06 确认删除文件

在打开的提示对话框中单击"删除文件"按钮。

07 开始清理磁盘

此时，系统自动打开对话框提示正在扫描的文件。

8.3.2　检查磁盘

　　如果磁盘中存在损坏的文件或者坏掉的扇区，则磁盘可能无法正常使用，或影响电脑整体的运行性能。此时，可以通过对磁盘进行检查，来检测磁盘中的错误并进行维护。下面以任意磁盘为例，来介绍检查磁盘的相关操作。

01 打开磁盘属性对话框	*02* 打开磁盘检查对话框
打开"计算机管理"窗口，❶展开"计算机管理(本地)/存储/磁盘管理"目录，❷在E盘上右击，❸选择"属性"命令。	打开磁盘的属性对话框，单击"工具"选项卡，在"查错"栏中单击"开始检查"按钮。
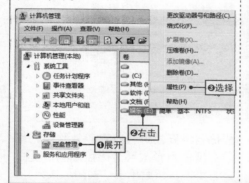	
03 开始检查磁盘	*04* 查看检查结果
❶在打开的对话框中选中"自动修复文件系统错误"复选框，❷单击"开始"按钮。	此时，系统将对磁盘进行扫描，扫描结束后会打开相应的提示对话框，单击"关闭"按钮即可完成操作。
	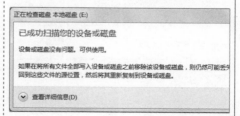

8.3.3　整理磁盘碎片

　　电脑磁盘在使用一段时间后，会产生一些碎片和凌乱文件，此时就需要对磁盘碎片进行整理，以释放出更多的磁盘空间，从而提高电脑的整体性能和运行速度，其操作如下。

8.3.4 设置自动整理磁盘碎片

其实，Windows操作系统为用户提供了自动进行磁盘碎片整理的计划功能。如果用户觉得手动整理磁盘碎片比较麻烦，则可以开启该功能，其操作如下。

01 开始进行磁盘碎片的配置

运行磁盘碎片整理程序，打开"磁盘碎片整理程序"对话框，单击"启用计划"按钮。

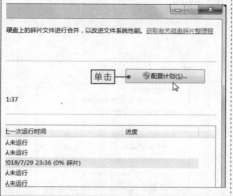

02 设置设置计划

❶在打开的对话框中选中"按计划运行"复选框，❷设置频率、日期和时间，❸单击"选择磁盘"按钮。

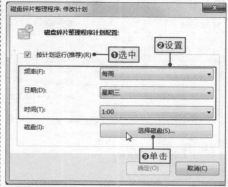

03 选择磁盘

在对话框中选择需要定时进行碎片整理的磁盘，这里选择所有磁盘，然后单击"确定"按钮。

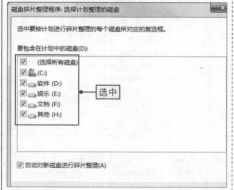

04 完成配置

返回到"磁盘碎片整理程序：修改计划"对话框中，单击"确定"按钮。

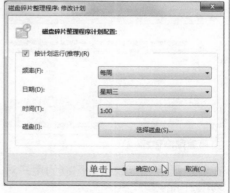

8.3.5　磁盘配额

　　磁盘配额是电脑中指定磁盘的存储限制，就是管理员可以为用户所能使用的磁盘空间进行配额限制，每个用户只能使用最大配额范围内的磁盘空间。此时，为了提高电脑的运行速度，用户可以对磁盘配额进行调整。

01 打开磁盘属性对话框

打开"计算机管理"窗口，❶展开
"计算机管理(本地)/存储/磁盘管理"
目录，❷在E盘上右击，❸选择"属
性"命令。

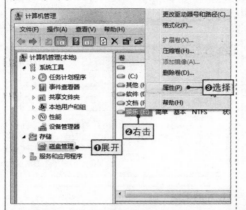

02 设置配额属性

❶在要进行磁盘配额的属性对话框中
单击"配额"选项卡，❷对选项卡中
的属性进行相关设置，然后单击"应
用"按钮。

03 启动配额系统

打开"磁盘配额"提示对话框，单击
"确定"按钮。

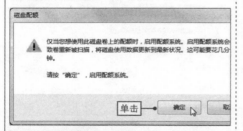

04 打开配额项对话框

返回到磁盘配额的属性对话框中，单
击"配额项"按钮。

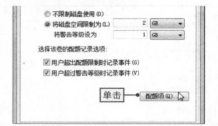

05 查看配额情况

在对话框中可查看到所配额的用户对
该磁盘的使用状态。

TIPS 设置配额项的注意事项

设置配额项只有是对"安全"选项卡下的
用户进行磁盘空间限制，所以还需要授权
给特定的用户。

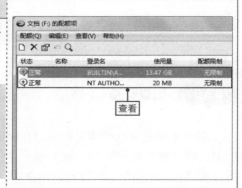

8.4 使用360安全卫士优化电脑

360安全卫士为用户提供系统全面诊断、弹出插件免疫、清理使用痕迹以及系统还原等特定辅助功能。同时，还提供对系统的全面诊断报告，方便用户及时定位问题所在，真正为用户提供全方位的系统安全保护。

8.4.1 用360安全卫士进行电脑体检

360安全卫士具有电脑体检功能，该功能可以对系统当前存在的问题进行检查，从而提升电脑整体的运行速度，并保护电脑的安全。

01 立即对电脑进行体检	02 修复电脑漏洞
运行360安全卫士，在主界面中单击"立即体检"按钮，可对电脑的安全项目、优化项目等进行检测并反馈。	体检完成后，会评估本次体检的得分并显示有问题的项目，单击"一键修复"按钮进行初步的电脑维护。

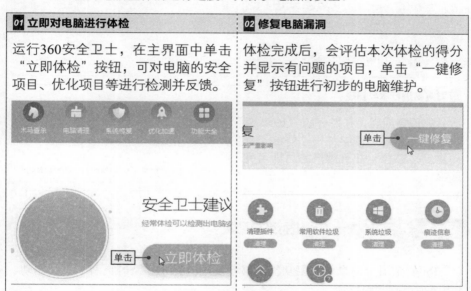

TIPS 360安全卫士的功能介绍

360安全卫士是一款由奇虎360公司推出的功能强、效果好的电脑安全防护软件，拥有查杀木马、清理插件、修复漏洞、电脑体检、电脑救援、保护隐私、电脑专家、清理垃圾以及清理痕迹多种功能。

8.4.2 用360安全卫士查杀木马

目前，360安全卫士可以够通过四种引擎查找并清理木马病毒，它们分别是360云引擎、360启发式引擎、小红伞本地引擎和QVM引擎。

01 对电脑进行木马扫描	02 一键处理扫描结果
运行360安全卫士，❶在主界面中单击"木马查杀"按钮，❷单击"快速查杀"按钮即可开始扫描。	木马扫描完毕后，如果发现木马，选中该木马选项，单击"一键处理"按钮按照处理方式隔离木马文件。

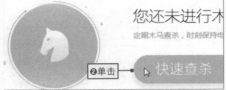 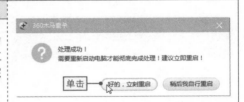

03 对电脑进行木马扫描	
木马处理完成后，在打开的"360木马查杀"提示对话框中单击"好的，立即重启"按钮，在重启电脑后即可完成操作。	

8.4.3 用360安全卫士进行系统修复

360安全卫士的系统修复功能能够修复电脑异常、及时更新补丁和驱动，从而确保电脑正常运行。

01 对电脑系统进行扫描	
运行360安全卫士，❶在主界面中单击"系统修复"按钮，❷单击"全面修复"按钮即可对电脑进行全面扫描（如果单击"单项修复"按钮，则可以选择常规修复、漏洞修复、软件修复或驱动修复）。	木马查杀 电脑清理 系统修复 ❶单击 功能大全 补漏洞、装驱… 修复电脑异常、及时更新 ❷单击 全面修复

02 对电脑系统进行扫描

系统扫描完毕后，选中要修复项目所在的复选框，单击"一键修复"按钮即可快速对系统进行修复。

03 锁定主页

❶在打开的对话框中输入锁定的网页地址，❷单击"安全锁定"按钮即可完成系统修复。

8.4.4　用360安全卫士清理垃圾

　　360安全卫士可以及时清理电脑中的垃圾、不必要的插件、上网时产生的痕迹以及注册表的多余项目，从而释放更多的空间，加快系统运行速度。

01 对电脑进行垃圾等扫描

运行360安全卫士，❶在主界面中单击"电脑清理"按钮，❷单击"全面清理"按钮即可开始扫描。

02 一键清理扫描结果

扫描完毕后，在"一键清理"选项卡下选择需要清理的项目，单击"一键清理"按钮开始清理。

03 对电脑进行深度清理

此时，会有部分文件需要深度清理才能彻底清除，选择需要深度清理的项目，单击"深度清理"按钮即可完成操作。

8.4.5 用360安全卫士优化加速

360安全卫士的优化加速功能可以管理电脑的开机启动项和计划任务，同时优化网络配置、硬盘传输效率，全面提升电脑性能，其操作如下。

01 对电脑进行优化加速扫描	**02** 立即优化扫描结果
运行360安全卫士，❶在主界面中单击"优化加速"按钮，❷单击"全面加速"按钮即可对优化项目进行扫描。	程序智能分析可禁止启动的程序、系统设置等可优化项目，选择要优化的项目，单击"立即优化"按钮。

03 选择需要优化的项目	**04** 优化加速完成
❶在打开的"一键优化提醒"对话框中选中"全选"按钮，❷单击"确认优化"按钮。	此时，程序将对所有选项进行优化，优化完成后单击"完成"按钮即可。

常见的硬件故障排除

学习目标

用户在使用电脑时，可能会遇到不能正常开（关）机、系统不能启动、蓝屏或死机等故障。故障产生的原因有很多，可能是软件方面，也可能是硬件方面，本章主要介绍硬件故障的检测与排除方法。

知识要点

- CPU超频引起的故障
- CPU引发其他电脑故障
- 诊断主板故障
- BIOS设置程序的故障排除
- 排除常见的硬盘故障

……

9.1 CPU故障排除

在正确使用电脑的情况下，出现CPU损坏概率很低，这主要是因为CPU的集成度很高，所以其可靠性非常强，但也不可排除人为原因引起的CPU损坏、烧毁等现象。

9.1.1 CPU超频引起的故障

CPU超频可以提高电脑的性能，但也会降低系统的稳定性和CPU的使用寿命，不合理的超频甚至还会引发一系列的故障。下面介绍CPU超频后一些常见故障及排除方法。

1.判断CPU故障的方法

通常情况下，CPU引发的故障很容易确定，通过以下几个方面大致可以判断出电脑故障是否由CPU引发，如图9-1所示。

1 加电后按电脑开机键，系统没有任何反应，主机指示灯不亮。

2 电脑频繁死机，即便是在操作DOS系统或CMOS时，也会出现死机的情况，在检查其他硬件没有问题后，基本上可以判断是CPU引起的电脑故障。

3 电脑开机后自动断电，即使开机成功，也不断重启或短暂时间后出现连续重启的现象。

4 电脑的整体性能下降，运行一段时间后出现频繁死机、蓝屏等故障。

图9-1

2.CPU超频后提示访问注册表出错

在对电脑进行CPU超频设置后，重新启动系统，会打开访问注册表出错的对话框，电脑重启多次也无法解决该故障。

此时，可以初步判断该故障可能由病毒感染或CPU超频不合理引起，用户需要先检查系统是否感染病毒，然后分析是否是因为CPU超频引起的故障，其具体操作步骤如下。

● **第1步：** 通过安全模式启动电脑系统，如果启动后没有打开访问注册表出错的对话框，但提示重新启动电脑，则可在安全模式下进行病毒查杀。

● **第2步：** 如果安全模式下不能进行杀毒操作，可使用启动盘启动电脑，以最新的杀毒软件对电脑中各个磁盘进行彻底杀毒。

● **第3步：** 杀毒完成后，重启电脑后按【F8】键，在启动菜单中选择"最后一次正确的配置"选项启动电脑，以恢复注册表。

● **第4步：** 如果故障依然存在，则是因为CPU超频引起的故障。此时，就需要在BIOS设置程序中恢复CPU频率，可以直接恢复最优化的电脑配置。

3.CPU超频后电脑无声音

在对电脑进行CPU超频设置后，重新启动系统，系统可以正常运行，但电脑无任何声音。

此时，可以判断该故障可能是声卡或CPU超频不合理引起，需要先检查声卡是否出现故障。如果声卡无故障，再判断是否是CPU超频的原因，其具体操作步骤如下。

● **第1步：** 打开"设备管理器"窗口，检测声卡驱动是否安装正确。

● **第2步：** 若有几个声卡设备，则查看它们之间是否有冲突。如果有冲突，则禁用某个声卡设备；如果没有冲突，则可能是驱动程序损坏，需要重新安装声卡驱动程序。

● **第3步：** 安装正确的声卡驱动程序后，如果故障依然存在，则是CPU超频引发的故障，这时就需要在BIOS设置程序中重新设置超频或恢复BIOS设置。

SKILL **查看声卡驱动是否安装正确**

除了可以利用第三方软件检测电脑驱动是否正确安装外，还可以通过"设备管理器"窗口来直接查看，其具体操作是：❶在"计算机"图标上右击，❷在弹出的快捷菜单中选择"设备管理器"命令。❸在打开的"设备管理器"窗口中展开"声音、视频和游戏控制"目录，即可查看到声卡驱动程序，如图9-2所示。

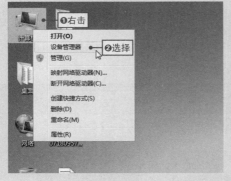

图9-2

9.1.2　CPU风扇引发的CPU故障

如果用户没有对CPU进行过超频设置，但是电脑出现故障，也有可能是CPU引起的，如CPU自身或CPU风扇引起的散热问题导致故障的产生。

1.电脑运行时噪声太大且经常死机

电脑在启动后，主机箱中出现很大的噪声，在运行较短时间后，出现死机等情况。

此时，可以判断该故障的噪声可能是CPU风扇引起的，由于CPU风扇积灰或者无润滑油导致摩擦或转速下降，引起CPU散热不正常，其具体判断步骤如图9-3所示。

1 关闭电脑并断开电源，然后拆开机箱，观察CPU风扇上是否有大量灰尘或者其他杂物影响其正常运转。

2 如果发现CPU风扇上有大量灰尘，就需要拆下风扇，并清理这些灰尘；如果没有灰尘，可能是风扇无润滑油而产生的噪声，在马达上滴入1~2滴润滑油。

3 如果在清除灰尘和加入润滑油后，电脑噪声仍然存在，且使用一段时间后，CPU温度有明显升高，则建议更换新的CPU风扇。

4 在更换新的CPU风扇后，如果噪声已被消除，而CPU散热正常（还可在更换风扇、清理灰尘时涂抹新的导热硅脂），则说明是CPU风扇引起的电脑故障。

图9-3

2.更换CPU风扇后，电脑无法启动

电脑CPU风扇噪声太大，更换风扇并重新启动电脑时，发现电脑无法正常启动，且显示器无信号输入。

此时，可以判断该故障可能是硬件方面的原因引起，需要先检查主机中各个连接线、接口等是否正常，然后分析其他原因，具体操作步骤如表9-1所示。

表 9-1　更换 CPU 风扇后，电脑无法启动的原因分析

步骤	详情
第 1 步	断开电源，然后拆开机箱，检查 CPU 风扇附近的连接线是否正常，如果正常则将其拆卸下来
第 2 步	检查 CPU 是否因为安装风扇时损坏，查看 CPU 的针脚是否弯曲。如果没有问题，再将其重新安装到位

续表

步骤	详情
第3步	如果CPU的针脚出现弯曲，可用尖嘴钳、镊子等工具小心地将其掰正，然后将 CPU 与 CPU 风扇重新安装好
第4步	接通电源，检测电脑是否正常启动。如果显示器仍无任何信号，但 CPU 风扇在正常运转，则需要断开电源，检查其他因安装 CPU 风扇时可能触动的设备

3.运行大型软件经常死机，甚至自动重启

电脑运行小型程序没有问题，但运行大型程序或游戏时就会死机或重启（配置可运行大型程序）。

通常情况下，电脑死机或重启故障都是因为硬件温度过高（也可能是电压不稳）引起，此时需要先检查是否是因为软件系统方面的原因，具体操作步骤如图9-4所示。

第1步：对电脑杀毒
在安全模式下或使用启动盘，使用最新版本的杀毒软件对电脑进行杀毒，并使用优化大师对电脑进行彻底的优化。

第2步：测试电源是否稳定
拆开主机机箱，更换一个新的电源，检查是否是因为电源的原因造成电脑的供电不足。

第3步：确认CPU温度是否过高
如果电源正常，则在死机后立即打开机箱，用手轻轻触摸CPU散热片（注意烫手），烫手则表明是CPU温度过高引起的死机。

第4步：检查CPU风扇的散热片
检查CPU风扇的散热片是否安装正确，如果正确安装了CPU散热片，然后检查CPU风扇的转速是否正常。

第5步：检查CPU风扇的设置
如果风扇转速不正常，则进入BIOS设置程序，检查CPU风扇的设置，将"EQ FAN（风扇智能调速）"设置为"Disabled"。另外，可以尝试更换新的风扇。

图9-4

9.1.3 CPU引发的其他电脑故障

由于CPU是电脑的心脏，若其出现故障，则会导致整个电脑无法使用。当然，CPU故障还会导致其他的硬件设备工作不稳定。

1.CPU自身故障

CPU自身故障是指因为CPU和CPU风扇的安装不正确、CPU损坏以及CPU自身的质量问题等引起的电脑故障。

通常情况下，CPU自身故障表现为CPU和散热片的温度过高，电脑无法启动或频繁死机等，这类故障需要先检查CPU安装是否到位，其具体的操作如表9-2所示。

表9-2　CPU自身故障的原因分析

步骤	详情
第1步	电脑能够启动，如果出现频繁死机等现象，则可先使用杀毒软件进行杀毒，确保不是因为病毒方面的原因引起的故障
第2步	打开机箱，清理CPU风扇上的灰尘，涂抹润滑油和导热硅脂，确保CPU风扇的转速正常，CPU散热性能良好
第3步	电脑CPU温度过高，可检查CPU风扇是否安装正确，检查CPU散热片是否牢固，与CPU的接触是否良好
第4步	拆卸掉CPU风扇，取出CPU，观察CPU是否有烧焦、受挤压等痕迹，检查CPU针脚是否弯曲，做更换CPU或者矫正针脚的处理
第5步	如果通过以上检查CPU都没有出现任何异常，可使用最小系统法检查其他硬件故障，也可将CPU安装到另一台电脑进行测试
第6步	测试判断是否是CPU损坏，如果是CPU本身的原因，更换CPU后，在CPU散热片上重新涂抹导热硅脂，重新安装好所有部件

2.集成显卡的电脑经常花屏

使用集成显卡的电脑，在运行一段时间或运行大程序时（特别是大型游戏），经常出现卡屏、花屏等现象。

一般出现花屏、卡屏等故障，可能是由于显卡方面的原因造成的，也可能是CPU引发的集成显卡工作不稳定。

● **第1步：** 检查所运行的程序，确定不是因为软件漏洞引起的故障。可在其他电脑上运行该程序，测试是否会发生相同的卡屏、花屏等故障。

● **第2步：** 检查显示器、机箱内部各个数据线的连接是否正常，摇动各个数据接口，看是否有接口松动的现象。

● **第3步：** 打开机箱，清理机箱内部的灰尘，特别是CPU风扇，确保CPU风扇运转正常，如果风扇转速变低，则需要更换新的CPU风扇。

● **第4步：** 检查运行后的CPU温度，检测是否是因为散热引起的CPU温度过高，如果不是则测试CPU是否存在质量或破损等问题。

● **第5步：** 更换了CPU后，如果电脑运转正常，没有出现花屏等现象，说明该故障是CPU温度过高引起集成显卡的性能不稳定造成的。

9.2 主板故障排除

主板担负着CPU、内存、硬盘以及显卡等各种设备的连接工作，直接关系到整台电脑的稳定性，所以日常生活中遇到的主板故障也比较多。

9.2.1 CMOS电池故障

CMOS是主板上的一块芯片，保存着电脑系统的硬件配置和参数设定。通常情况下，主板上的电池供电，系统断电时也不会丢失数据。

1.清除BIOS密码

许多用户出于对电脑系统的安全考虑，会设置BIOS开机密码，但如果忘记密码，则无法进入电脑系统。

BIOS开机密码就保存在CMOS中，此时可以利用CMOS的供电系统清除CMOS中所保存的电脑配置信息，从而恢复BIOS设置，如图9-5所示。

方法1
关闭电源，将主板上的跳线帽由原来标识为"1"、"2"的针脚套在标识为"2"、"3"的针脚上。在放电之后，恢复原来的跳线帽即可清除BIOS开机密码。

方法2
在主板上取出CMOS供电电池，用镊子或其他导电工具短接电池插座上的正负极，然后安装好电池即可清除清除BIOS开机密码。

方法3
在主板上取出CMOS供电电池，然后断开电源，按开机键对主板进行放电，将电池搁置一段时间后，再安装到主板上即可清除BIOS开机密码。

图9-5

2.CMOS电池使用时间不长

通常情况下，CMOS电池只能使用几个月到几年，并且一段时间后电脑上的时钟就会变得不准确（比正常时间慢）。

电脑上的时钟故障可能是软件恶意修改或者CMOS电池供电不足引起，而电池的使用时间与电池的质量和跳线设置有关，其具体处理方法如表9-3所示。

表9-3　CMOS电池使用时间不长的处理方法

具体步骤	详情
第1步	使用当前最新的杀毒软件对电脑进行杀毒，确保电脑时钟不是因为软件病毒恶意修改引起的
第2步	如果所设置的BIOS信息在重启电脑后又恢复，而电脑时间变慢，则可以更换新的CMOS电池
第3步	如果电池的使用寿命不长，通常在一个月后就没电了，可检查CMOS的跳线设置（设置错误会消耗电能），参照主板说明书进行正确的设置
第4步	检查主板的CMOS电池插座、CMOS芯片或主板电力是否有短路或漏电等现象，如果主板有问题，需要找专业人士维修

3.更换CMOS电池一段时间后，电脑无法开机

更换CMOS电池不久，电脑就出现无法开机的故障，使用最小系统法检测后，故障依然存在。

这种情况说明主板、CPU、内存或显卡中的某些部件出现故障，需要逐一排除故障，其具体操作如图9-6所示。

1　使用交替法检查内存、CPU、主板以显卡等部件，如果发现是主板出现的故障，则需要仔细观察主板的各个位置。

2　由于是更换电池后不久后出现的故障，可以先取下电池，检查是否有电池漏液后风干的痕迹，或者因其他位置短路使主板发黑的痕迹。

3　如果是因为电池漏液引起的主板被侵蚀或短路引起的主板损坏，则需要更换主板或送往专业维修站进行修理。

图9-6

9.2.2　诊断主板故障

电脑在开机时，会自动检测CPU、主板、基本内存、扩展内存与系统ROM BIOS等部件（此行为被称为开机自检），用户可以使用一些工具来判断出现故障的部件，如主板诊断卡。

　　主板诊断卡是比较常用的主板故障诊断工具，可以对主板的各个部件进行检测，并排除因主板产生的故障，其具体操作如表9-4所示。

表 9-4　主板诊断卡的使用方法

具体步骤	详情
第 1 步	关闭电源，打开主机箱，取出所有的扩展卡，如显卡、硬盘与内存等。将主板诊断卡插入 PCI 插槽中，然后打开电源
第 2 步	观察诊断卡的二极管是否正常发光，如果二极管的各个指示灯都正常，然后对照查看诊断卡的代码指示是否有错，有错则检查错误并排除故障
第 3 步	如果二极管指示灯和诊断卡代码均无错误显示，则关闭电源，将显卡、内存等扩展卡插上，然后打开电源，并再次进行检测
第 4 步	如果二极管指示灯或诊断卡代码有错误提示，则根据相关提示，参照错误代码找到出现故障的部件，检查该部件并排除故障
第 5 步	检测完毕后依然没有任何错误提示，但故障还存在，可排除因为主板而产生的故障，该故障应该是软件或硬盘方面引起的

　　主板诊断卡的错误代码很多，常见的错误代码如图9-7所示。

C1
如果内存没有插上或者内存有故障，检测时就会认为主板上没有内存，主板诊断卡就会停留在C1指示灯处。

0D
如果主板诊断卡的错误代码显示"0D"，则表明显卡没有插好或者显卡出现故障，并且主板诊断卡的蜂鸣器会发出嘟嘟声。

2B
如果主板诊断卡的错误代码显示"2B"，则表示磁盘驱动器、软驱（一般没有）或硬盘控制器出现了问题。

31
显示器存储器读/写测试或扫描检查失败，即主板显示部分或显卡故障。

FF
在对所有部件都进行过检测并都通过了。如果刚使用主板诊断卡就显示"FF"，则说明主板的BIOS有故障（CPU故障或主板故障）。

图9-7

SKILL 主板诊断卡说明

不同BIOS使用同一主板诊断卡的代码所表示的含义有所不同，用户需要区分所诊断的主板属于哪类BIOS，然后参照诊断卡的说明书对照代码表示的含义。其中，部分主板诊断卡支持USB接口，当电脑出现故障时，可以通过USB接口进行诊断，判断是否存在硬件故障，如图9-8所示。

图9-8

另外，通过自检报警声也可以判断出电脑出现故障的部件。当然，不同的BIOS类型，其报警声的含义也不同，如表9-5与9-6所示分别为AMI和Award两种BIOS的报警声介绍。

表 9-5　AMI BIOS 报警声及其含义

报警声	含义
1 短响	内存故障，内存刷新失败
2 短响	内存故障，内存校验错误
3 短响	内存故障，基本的内存错误
4 短响	系统时钟错误，可检查 CMOS 电池
5 短响	CPU 故障，因温度、CPU 自身等产生的错误
6 短响	键盘故障，键盘不能识别或者没有连接
7 短响	实模式错误
8 短响	内存故障，内存显示出错
9 短响	ROM BIOS 校验出错
1 长响 3 短响	内存故障，内存错误

表 9-6　Award BIOS 报警声及其含义

报警声	含义
1 短响	系统正常启动
2 短响	常规错误，进入 BIOS 设置程序，调整不正确的选项
1 长响 2 短响	主板或 RAM 内存故障
1 长响 3 短响	显卡或显示器故障，一般都是显卡故障
1 长响 9 短响	主板 Falsh RAM 或 EPROM 故障，BIOS 损坏
长声不断地响	内存故障，内存不能识别或损坏
重复短响	电源故障
不停地响	电源、显卡未连接好，应检查接头是否松动
无声音无显示	电源故障，没有供电

9.2.3 主板损坏类故障排除

主板损坏类故障是指操作不当导致的电路短路、接口损毁或散热不正常等，而解决此类故障的方法只能更换主板或送维修站修理。

1.电脑经常死机，按热启动键无效

电脑在使用一段时间后，经常出现死机故障，按【Ctrl+Alt+Del】组合键进行热启动无效，只能按【Reset】键进行冷启动。

出现该故障的主要原因可能是主板中的Cache（高速缓冲存储器）芯片损坏，需要先确定不是病毒或其他部件产生的故障，其具体操作如图9-9所示。

1 对电脑进行彻底的杀毒，判断是否是因为病毒产生的死机、热启动键无效等故障。

2 在确认不是因为软件引起的故障后，关闭电源。依次检测显卡、内存与CPU等部件，可以选择使用交替法进行诊断。

3 如果不是显卡、内存等部件引起的故障，就需要仔细观察主板上是否有线路短路、烧焦等痕迹，同时观察电容是否有损坏。

4 经过上述检测均没有发现任何问题，但故障依然存在，则可能是内存不足引起的故障，这时就可以使用内存检查工具进行检测。

5 如果检测出大量的内存坏区，但内存条本身没有任何问题，则可以判断是主板上的Cache芯片出现了故障。

6 通常情况下，排除该故障需要更换Cache芯片（由维修站处理），也可以在BIOS设置程序中屏蔽Cache芯片的功能。

图9-9

2.电脑运行一段时间后，会运行缓慢甚至死机

电脑能够正常启动并且能够正常使用，但是在使用一段时间后，就会出现运行缓慢、卡机或死机等情况。

出现这种情况的主要原因可能是某个硬件温度过高引起的，这时可以从软件到硬件的顺序逐一判断，并排除故障，具体操作如下。

● **第1步：** 对电脑进行彻底的杀毒，判断是否因为病毒而产生的故障，并查看系统软件、硬件相互之间是否有冲突。

● **第2步：** 对系统进行彻底清理，整理磁盘碎片，清理垃圾文件、无用插件等，确保不是因为这类原因造成的电脑死机。

● **第3步：** 安装硬件温度测试软件，如鲁大师。测试硬件的温度，然后查看主板、CPU等部件的温度是否正常。

● **第4步：** 如果CPU温度过高，则需要打开机箱进行灰尘清理。然后查看CPU散热是否正常，排除因CPU温度过高引起的死机故障。

● **第5步：** 如果主板的温度过高，则可能是主板上的芯片组散热不正常引起的，用手微微触摸感觉很烫，则可以确定是哪一个芯片组温度过高。

● **第6步：** 清理机箱，打扫机箱中的灰尘，检查主机通风是否良好。如果芯片组温度依然很高，则可以更换芯片组上的散热片，或者为机箱安装风扇。

TIPS 硬件不兼容的故障表现

如果电脑硬件不兼容，则可能出现电脑无法正常工作、频繁死机等故障。通常情况下，出现硬件不兼容的故障主要有5种表现，如图9-10所示。

表现1
硬件与硬件的插槽不匹配，表现为硬件质量差，做工不规范，如显卡、内存条与插槽不匹配，就有可能导致硬件被烧毁。

表现2
内存、显卡等部件的金手指做工差，表面没有镀金或镀金不良，使用一段时间后可能出现接触不良、开机自检时报警等情况。

表现3
硬件设备本身存在质量问题，或者不是该型号的硬件强行使用，这就可能造成短路、无法识别等情况，甚至烧毁主板或其他相关部件。

表现4
只要使用了某个硬件设备，电脑系统运行就不稳定，出现频繁卡机、死机等情况。例如，显卡经常不能被驱动，这种故障可能是驱动程序在设计上存在缺陷。

表现5
使用不规范的硬件可能造成其他部件损坏，电脑性能整体下降。另外，电脑在使用过程中还可能出现脱机、识别不到该设备、卡屏以及花屏等故障。

图9-10

9.2.4 BIOS设置程序的故障排除

BIOS是电脑中最基础的输入/输出系统，为电脑提供最底层的设置和最直接硬件控制。因此，BIOS出现故障可能导致电脑无法正常使用。

　　BIOS保存在BIOS芯片中，提供硬件控制与管理、POST自检等功能，而BIOS出现故障主要有4种表现，如表9-7所示。

表 9-7　BIOS 故障的 4 种表现

序号	详情
1	电脑启动时，屏幕上显示 "CMOS checksum error−Defaults loaded" 提示信息，则表明主板电池电压不足，不能正常保存 BIOS 设置
2	电脑开机时，屏幕上显示 "CMOS Battery Stste Low" 提示信息，则表明因为 CMOS 供电不足引起 CMOS 参数丢失
3	电脑开机时，屏幕上显示 "Memory allocation error" 提示信息，则说明内存定位错误，可能是 CMOS 供电不足引起的内存故障
4	当出现系统不能保存时间，安装上电池不能开机（取下电池却能正常开机）等故障，则可能是电池电量不足、BIOS 程序损坏或主板芯片损坏等原因引起

1.屏幕显示 "Press F1 to Continue，Del to Enter Setup" 提示，不能正常启动

　　每次启动电脑时，屏幕显示 "Press F1 to Continue，Del to Enter Setup" 提示信息，需要按【F1】键才能正常启动。

　　该故障可能是主板BIOS程序引起的，如BIOS程序设置被恢复到出厂设置或者主板电池没电，其具体处理方法如图9-11所示。

第1步

重新启动电脑，按【Del】键进入BIOS设置程序。如果之前更换了内存或CPU，则需查看内存和CPU的频率是否更改。

第2步

按 "LOAD OPTIMIZOD DEFAMITS（默认最优化的设置）" 所对应的按键，或者按 "LOAD STAMDARD DEFAMITS" 对应的按键恢复BIOS的出厂设置。

第3步

确认操作后，按【F10】键保存并退出BIOS设置程序。启动电脑，如果屏幕上没有出现该故障提示信息，则说明故障排除；如果依然存在，则需要启动电脑查看系统时间。

第4步

如果系统时间不正确，可能是CMOS电池没电引起的故障。在更换电池后，即可排除故障并正常启动电脑。

图9-11

2.升级BIOS后，电脑经常死机或无法启动

成功升级BIOS设置程序后，电脑却无法正常启动，或者在使用过程中经常出现死机的情况。

该故障出现的原因可能是所升级BIOS程序与硬件不匹配，或者BIOS程序本身存在问题，导致BIOS升级失败，其具体处理方法如表9-8所示。

表 9-8　BIOS 升级失败的处理方法

具体步骤	详情
第 1 步	如果电脑能够正常启动，只是使用过程中经常死机，则需要先对电脑进行彻底的杀毒操作，排除病毒造成的死机故障
第 2 步	检查 CPU、内存等部件是否出现故障，如果都没有问题，而又是升级 BIOS 程序后才出现的死机故障，则需要将 BIOS 程序恢复到升级前的状态（即恢复备份 BIOS 程序）
第 3 步	如果备份的 BIOS 程序本身不支持所使用的硬件设备，则可以在主板的官网上下载最新的 BIOS 设置程序，并进行 BIOS 升级
第 4 步	如果是因为升级 BIOS 程序时出现电脑无法正常启动的情况，按开机键也无任何反应，则可能是因为升级 BIOS 造成的主板损坏，可更换新的主板排除该故障

9.3　硬盘故障排除

通常情况下，硬盘出现故障的概率不是很大。不过，硬盘中存储着大量的重要数据，一旦硬盘出现故障，且处理不慎，则很可能造成很严重的后果。

9.3.1　排除常见的硬盘故障

由于硬盘是电脑最重要的数据存储设备，如果出现故障，不仅会威胁到其中所保存的数据，还可能造成系统无法正常启动。

硬盘故障分为两种情况，即硬盘硬故障（硬盘自身的故障）和硬盘软故障（软件系统引起的故障），其常见的故障现象有以下几种。

● **Primary master hard disk fail：**电脑启动时，屏幕上显示"Primary master hard disk fail"提示信息，则说明硬盘没有启动，这可能是因为安装了双硬盘后没有在BIOS程序中进行启动设置。

- **DISK BOOT FALURE INSERT SYSTEM DISK AND PRESSENTER:** 电脑启动时，屏幕上显示"DISK BOOT FALURE INSERT SYSTEM DISK AND PRESSENTER"提示信息，则说明系统引导失败，不能识别到系统盘。

- **Error Loading Operating System:** 电脑启动时，屏幕上显示"Error Loading Operating System"提示信息，则说明装载系统出错，这可能是系统损坏或硬盘故障造成的数据丢失。

- **Not Found any active partition in HDD:** 电脑启动时，屏幕上显示"Not Found any active partition in HDD"提示信息，则说明在硬盘上没有发现活动分区，可能是分区时被遗漏了。

- **Invalid partition table:** 电脑启动时，屏幕上显示"Invalid partition table"提示信息，则说明硬盘没有启动，可能是硬盘主引导记录中的分区表有错误。

- **Missing operating system:** 电脑启动时，屏幕上显示"Missing operating system"提示信息，则说明硬盘引导错误，可能是系统文件"Io.sys"和"Msdos.sys"遭到破坏。

- **Hard disk drive failure:** 电脑启动时，屏幕上显示"Hard disk drive failure"提示信息，则说明硬盘驱动器或者硬盘控制器出现了故障（通常是硬盘有坏道）。

- **文件损坏：** 当硬盘在写入文件后，使用该文件时，出现文件损坏无法打开的提示，则说明硬盘可能存在坏道。

- **读盘时出现死机、报错以及黑屏等情况：** 读取硬盘中的数据时，经常读到某个位置电脑就会出现死机、停滞不前，一段时间后会出现报错以及黑屏、蓝屏等情况，这都是硬盘故障的表现。

1.引导区故障

电脑无法正常启动，屏幕上出现含有"Error"、"Missing"以及"Failure"等错误提示。

出现这类故障的原因可能是硬盘损坏或引导区损坏，在开机自检后，可以根据所给出的错误提示进行检测，主要有如表9-9所示的5种方法。

表 9-9 引导区故障的检测方法

方法序号	详情
方法1	如果硬盘主引导记录中的分区表出现错误，屏幕显示"Invalid Partition Table"提示信息，可以使用"Disk Genius"工具恢复分区表

续表

方法名称	详情
方法 2	如果是找不到当前分区或驱动器，则可能是分区的分区表中没有相应的分区或驱动器，或者是分区表被损坏。此时可以使用"Disk Genius"工具恢复分区表
方法 3	如果硬盘的类型设置参数和格式化硬盘时设置的参数不同，屏幕上就会显示"C:Drive Failure..., Press..."提示信息，可以通过格式化硬盘并重装系统排除故障
方法 4	如果硬盘不能启动，屏幕显示"Device Error"提示信息，然后又显示"…Disk Error"错误提示，说明硬盘设置参数丢失，可能主板电池没电
方法 5	如果磁道中的扇区有错误或出现损坏，屏幕显示类似"Error…System"或"Missing…System"等信息，则需要使用磁盘坏道修复工具修复坏道或扇区

2.开机后屏幕显示"WAIT…"提示信息，最后出现错误提示

电脑开机后，屏幕上出现"Reset Failed（硬盘复位失败）""HDD Not Detected（没有检测到硬盘）"等错误提示信息。

出现这类故障的原因可能是CMOS设置出错、硬盘数据线接口或主板上的其他接口松动、硬盘坏道以及分区表丢失等，其处理方法如图9-12所示。

1 电脑开机时，按【Del】键进入BIOS设置程序，恢复默认的BIOS设置，保存后重启电脑，检测故障是否存在。

2 如果出现硬盘无法识别、电脑突然死机或自动重启等情况，则可以打开机箱，检查各个数据线、跳线和数据接口的连接是否正常。

3 电脑运行时，如果硬盘的声音较大，且周期性的出现"哒哒哒…"声，则说明硬盘的机械控制部分、传动臂或者盘片出现损坏，可以更换新的硬盘排除故障。

4 如果检测不到硬盘，也没有较大噪声出现，则需要用手触摸硬盘，感觉硬盘是否转动。如果硬盘没有转动，则说明硬盘没有加电，需要检测供电电路是否正常。

图9-12

9.3.2 用PTDD分区表医生修复MBR

MBR是硬盘的主引导记录，位于磁盘最前边的一段引导代码。如果硬盘失去MBR，就失去了引导功能，系统无法启动。此时，可以使用PTDD分区表医生修复MBR，其操作如下。

01 开始重建分区表

在PE系统下（或者启动盘中）运行PTDD分区表医生，单击主界面上的"重建"按钮。

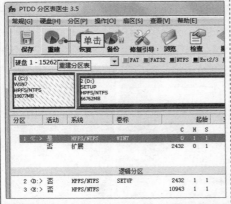

02 搜索当前硬盘的历史分区

❶在打开的对话框中选中"交换"单选按钮，❷单击"下一步"按钮，程序自动搜索当前硬盘的历史分区。

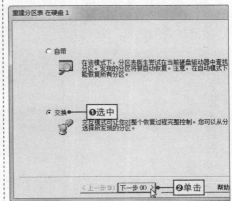

03 成功创建分区表

❶选中搜索到的磁盘分区，❷单击"下一步"按钮开始创建分区表，成功创建后单击"完成"按钮。

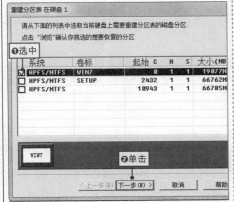

04 保存修改

返回PTDD分区表医生主界面，单击"保存"按钮确认修改，程序自动修复MBR到搜索到的记录。

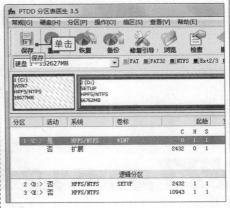

9.3.3 用Disk Genius检测并修复磁盘坏道

　　硬盘使用久了就可能出现各种各样的问题，而磁盘"坏道"就是其中最常见的问题。磁盘坏道是指磁道中存在不能被正常访问或正确读取的扇区，当磁盘出现坏道时，可使用软件工具尝试修复坏道。

01 打开"坏道检测与修复"对话框	**02 选择需要检测坏道的磁盘**
运行Disk Genius（如果系统不能正常启动，需要以有该程序的启动盘运行），❶单击"硬盘"菜单项，❷选择"坏道检测与修复"命令。	打开"坏道检测与修复"对话框，❶单击"选择硬盘"按钮，❷在打开的对话框中选择需要检测坏道的硬盘，❸单击"确定"按钮。
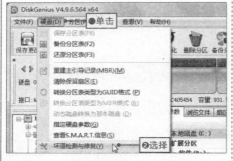	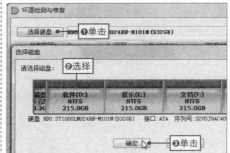
03 开始检测磁盘坏道	**04 修复磁盘坏道**
返回"坏道检测与修复"对话框，单击"开始检测"按钮，开始检测该硬盘是否存在坏道。	如果检测到坏道，或者要尝试修复读写速度慢的好磁道，单击"尝试修复"按钮开始修复坏道。

9.4 其他硬件故障

除了前面介绍的几种重要的电脑部件外，电脑的组成部件还有很多，它们都可能出现故障，从而影响电脑的整体使用，如内存、显卡等。

9.4.1 内存故障排除

内存可以暂时存放电脑的运算以及与硬盘等外部存储器交换的数据，如果内存出现故障，就很有可能导致正常读写的数据遗失、电脑无法开机等问题。

1.电脑无法正常启动，开机长鸣

如果电脑无法正常启动，开机后发出"嘀，嘀，嘀……"的声音，同时显示器没有任何信号。可以初步判断内存检测没有通过，这可能是内存接触不良或金手指被氧化等引起，其具体处理方法如图9-13所示。

第1步
关闭电源，打开机箱，并清理机箱内的灰尘。观察内存条是否安装正确，如果存在问题，则需要重新安装内存条，然后开机检测。如果故障没有排除，则取下内存条。

第2步
使用橡皮擦擦拭内存条的金手指，清除内存条金手指上被氧化的氧化层，然后用吹气球清理内存条的插槽。

第3步
清理完成后，重新在主板上安装内存条并开机检测。如果故障依然没有排除，则可能是内存条的插槽出现了故障。

第4步
此时，需要将内存条插到其他完好的主板插槽上，然后开机检测，如果通过自检并成功进入系统，则说明故障被排除。

图9-13

2.电脑运行时，总是出现错误提示

电脑在运行过程中或运行某些程序时，经常打开错误提示，如内存不能"read"或"written"等，如图9-14所示。

图9-14

根据如图9-14所示的提示对话框可以看出，该故障是由于内存方面的原因

引起的，用户可以采取先软后硬的原则排除该故障，如图9-15所示。

1 使用最新版本的杀毒软件，检测电脑中是否存在木马病毒的程序（这类程序会篡改系统文件，导致系统故障），不要执行来历不明的文件。

2 若没有发现任何可疑文件，重新安装正版的应用程序再次运行，检测是否会出现该故障，或者将该程序拷贝到其他电脑上运行。

3 若在其他电脑上可以正常运行拷贝的程序，则说明本地电脑出现了故障。打开机箱，清理灰尘并检测内存条是否有故障，可以尝试更换内存条进行测试。

4 若更换内存条后，故障依然存在，但操作系统运行正常，则说明是系统漏洞引起。此时，可以重装正版操作，即可排除该故障。

图9-15

9.4.2 显卡故障排除

显卡能将系统所需的显示信息进行转换驱动，并向显示器发送信号源，控制显示器的正确显示。如果显卡出现故障，则会影响电脑的正常显示。

电脑在运行的过程中，如果只是启动一些消耗资源较少的程序时，不会有任何影响；如果运行大型游戏或程序时，则提示显存太小。出现此类故障的主要原因是显卡的显存太小，这时可以直接对硬件设备进行检查，其具体的处理方法如下。

● **第1步：** 如果使用独立显卡出现该故障时，想要运行大型游戏，则只能更换显存更大的显卡。

● **第2步：** 如果使用的是集成显卡（集成显卡的游戏性能不是很高），可开机检查现在的显存大小，如显存大小为256MB，和所要求显存有一定的差距。

● **第3步：** 集成显卡的显存是由内存提供的，可通过设置进行合理的增加显存，不能超过内存大小，应与内存合理分配，显存太低可能引起死机故障。

● **第4步：** 进入BIOS设置程序，找到显卡的设置选项，将显存适当地设置高一些（如1GB），再次运行大型游戏，能够运行则说明故障排除。

如果电脑出现运行大程序时死机、花屏、卡屏、无法调整分辨率以及显示质量差等问题，可能是显卡驱动程序出现故障所引起的，一般排除该类故障的方法如图9-16所示。

第1步
出现显卡类故障，可在设备管理器中查看显卡驱动是否正常，不正常则会出现感叹号或问号。

第2步
如果该设备有问题，则说明显卡驱动不正确或程序版本过低，此时需卸载显卡驱动。

第3步
使用驱动人生或其他工具重新下载并安装驱动程序，驱动程序应该选择最合适的版本，而不是最新的版本，以保证显卡能够获得最好的性能。

第4步
如果故障依然存在，可能是显卡兼容性的问题，进入BIOS程序中设置后，选择相匹配的硬件使用（更换显卡或者其他响冲突的设备）。

图9-16

9.4.3 鼠标、键盘、光驱的故障排除

电脑在使用时，还会涉及到鼠标、键盘与光驱等硬件设备，这些设备也容易出现故障。虽然不会对系统产生较大影响，但也会影响我们的日常操作。

1.启动系统后，鼠标无法使用

更换鼠标后，启动电脑，系统能够正常运行，但鼠标无法正常使用。该故障可能是因为鼠标或者鼠标驱动有问题，也可能是刚连接的鼠标还没有加载驱动，其具体处理步骤如表9-10所示。

表 9-10　启动系统后，鼠标无法使用的处理方法

步骤顺序	详情
第 1 步	检查鼠标连接是否正确，如果鼠标采用的是串行接口，拔下接口，查看针脚是否弯曲，接口是否松动
第 2 步	如果使用的是 USB 接口类型的鼠标，进入 BIOS 设置程序，查看 USB 接口是否被禁用
第 3 步	重新启动电脑，让电脑加载鼠标驱动，以识别鼠标。如果还是不能用，则对电脑进行一次彻底杀毒和清理
第 4 步	将鼠标安装到其他电脑上，检测是否能正常使用，如果不能使用，说明鼠标有问题，更换新鼠标即可。一般鼠标无法识别，重新启动电脑加载鼠驱动即可

2.按一个键会连续出现几个相同字母

使用键盘输入文字时，按下某个键会同时出现几个相同的字母，这可能是键盘的电路板被侵蚀，或者受其他杂质的影响出现短路，也可能是病毒造成，如表9-11所示。

表 9-11　按一个键会连续出现几个相同字母的处理方法

步骤顺序	详情
第1步	对电脑进行一次彻底的杀毒和清理，防止木马病毒等恶意程序控制键盘的输入
第2步	如果故障依然存在，可拆开键盘，清理键盘的电路板，查看是否有杂质，或者是否有被侵蚀的黑斑，有杂质则用无水酒精擦拭干净
第3步	如果清理杂质后仍不能正常输入，可能是该杂质或出现的侵蚀痕迹已经造成电路板损坏，可更换新的键盘

3.启动电脑，检测不到光驱

主机上安装了光驱，但是启动电脑后，在"计算机"窗口中检测不到光驱的图标。可能是因为光驱的驱动程序丢失或损坏、光驱接口接触不良、光驱数据线损坏以及光驱跳线连接错误等引起，此时可以根据以下步骤来排除故障。

● **第1步：** 对电脑进行彻底的杀毒和清理，防止木马病毒等恶意程序将电脑上的光驱图标隐藏或者删除。

● **第2步：** 检查光驱的各个数据线和电源线，若没有问题，则按下光驱上的开舱键。如果可以打开舱门，在说明光驱连接到了电源。

● **第3步：** 重启电脑，进入BIOS设置程序，查看BIOS设置程序中是否有关于光驱的参数。如果有，则说明光驱连接正常。

● **第4步：** 如果BIOS中没有关于光驱的参数，则说明光驱数据线接触不良或者光驱损坏，就需要检测数据连接线或者尝试更换新光驱。

● **第5步：** 在安全模式下启动电脑，查看是否有光驱。如果有，则说明该故障是由于非法关机、断电等引起的光驱驱动丢失，安全模式启动后可修复驱动。

● **第6步：** 如果故障依然存在，则可能是注册表被损坏，此时可以还原备份的注册表或采取重装系统来排除该故障。

常见的网络故障排除

学习目标

网络是用户能够通过电脑获取信息资源和进行信息交流的基础，一旦网络出现故障，用户的日常生活与工作将受到较大影响。因此，电脑用户需要了解常见的网络故障并掌握相关的处理方法。

知识要点

- 不能看到局域网中的其他用户
- 无法共享磁盘的某个分区
- 在设备管理器中找不到网卡设备
- 网络连接不正常
- IE发生错误，窗口被关闭

……

10.1 网络共享故障

在工作或生活中，通过网络共享文件是分享数据与资源的主要方式，而网络共享可能出现的故障也较多，且排除起来并不容易，所以用户需要掌握一些常见网络共享故障排除方法。

10.1.1 不能看到局域网中的其他用户

如果局域网用户在打开"网络"窗口时，只能查看到自己的电脑名称，无法看到局域网中其他的用户，则说明用户自己的电脑配置出现了故障。此时，可以先测试网络连接是否正常，从而排除网络连接引起的故障，常见方法有以下几种。

● **使用ping命令测试与目标主机的连接**：打开命令提示符窗口，用ping命令测试与目标主机的网络连接是否正常。例如，输出"ping 192.168.0.28"命令，即可测试本地电脑与192.168.0.28的连接情况，如图10-1所示。

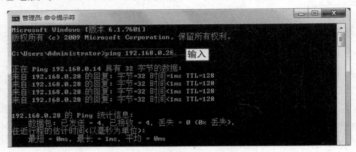

图10-1

● **检查IP地址段**：检查两台电脑的IP地址，查看它们是否在同一个网段上，如图10-2所示的网段是"192.168.0.*"的IP地址段。

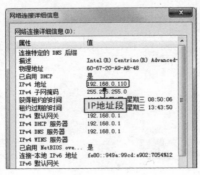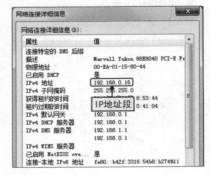

图10-2

● **安装Microsoft网络客户端:**通过"控制面板/网络和 Internet/网络连接"超链接打开"本地连接 属性"对话框,在"此连接使用下列项目"列表框中查看是否安装了"Microsoft网络客户端"选项。如果没有安装客户端,则需要❶单击"安装"按钮,❷选择"客户端"选项,❸单击"添加"按钮,如图10-3所示。

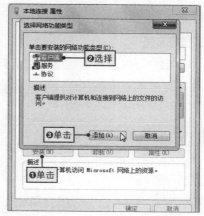

图10-3

● **启动"Computer Browser"服务:**打开"服务"窗口,在右侧列表中查看是否安装了"Computer Browser(该服务维护网络中电脑的最新列表)"服务。如果该服务没有启动,❶在该服务上右击,❷选择"启动"命令即可,如图10-4所示。

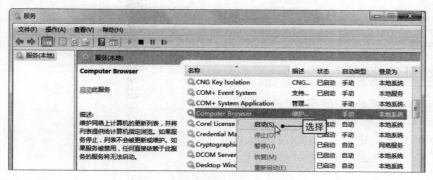

图10-4

TIPS 在"网络"窗口中一台电脑也看不到

如果在"网络"窗口中,既看不到自己的电脑,也看不到局域网中其他用户的电脑,此时就需要检查电脑是否安装了TCP/IP协议、Mircrosoft网络客户端、Mircrosoft的网络文件与文件共享服务等,同时还需要检测网卡是否正常、两台电脑是否连通等。

10.1.2 **不能访问局域网用户**

在局域网中，某个用户可以访问其他电脑，但其他电脑不能访问该用户的电脑，同时系统会打开类似"Windows无法访问"提示对话框。出现这种故障主要分为3种情况，其具体介绍如下。

1.工作组不同

该用户可以访问其他电脑，说明网络连接正常，此时可以关闭该电脑的防火墙。如果故障依然存在，则可能是工作组与其他电脑不一致引起的，其具体解决方法如下。

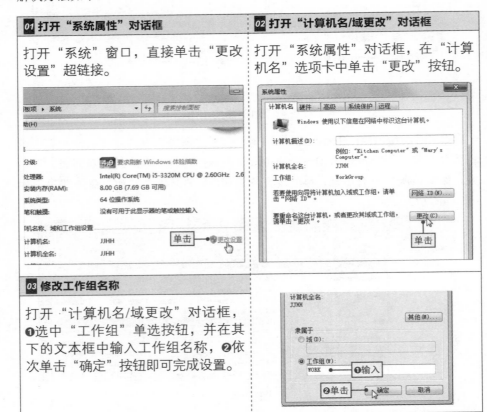

01 打开"系统属性"对话框

打开"系统"窗口，直接单击"更改设置"超链接。

02 打开"计算机名/域更改"对话框

打开"系统属性"对话框，在"计算机名"选项卡中单击"更改"按钮。

03 修改工作组名称

打开"计算机名/域更改"对话框，❶选中"工作组"单选按钮，并在其下的文本框中输入工作组名称，❷依次单击"确定"按钮即可完成设置。

2.Guest账户被禁用

想要让局域网中的其他用户正常访问到自己的电脑，就需要开启Guest账户。如果该账户被禁用，就可能出现该故障，其具体启用方法如下。

01 打开"Guest"对话框	02 启用Guest账户
打开"计算机管理"对话框，❶展开"计算机管理（本地）/系统工具/本地用户和组/用户"目录，❷在右侧列表的"Guest"选项上右击，❸选择"属性"命令。	打开"Guest"对话框，在"常规"选项卡中取消选中"账户已禁用"复选框，单击"确定"按钮即可启用Guest账户。

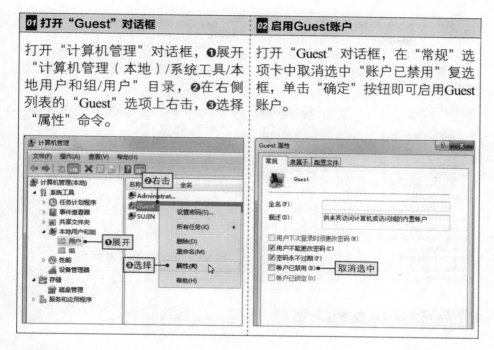

3.组策略被限制

在本地组策略编辑器中，网络访问功能可能被限制了，从而导致其他用户不能访问本地电脑所共享的资源，此时可以在组策略中进行修改。

01 打开"本地组策略编辑器"对话框	02 展开目录
打开"运行"对话框，❶在"打开"文本框中输入"gpedit.msc"命令，❷单击"确定"按钮。	打开"本地组策略编辑器"对话框，展开"Windows设置\安全设置\本地策略\用户权限分配"目录。

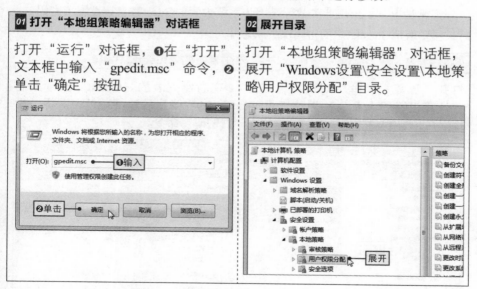

03 设置本地组策略的属性	04 启用来宾账户访问当前电脑
❶在右侧窗格的"拒绝从网络王文这台计算机"选项上右击，❷单击"确定"按钮。	❶在打开的对话框中选择"Guest"选项，❷单击"删除"按钮，然后确认设置即可。

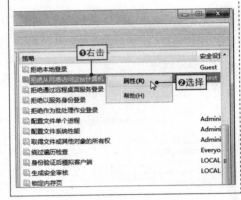 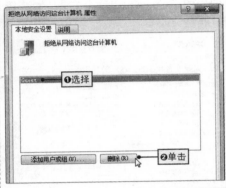

10.1.3 无法关闭密码共享

在局域网中共享文件夹时，虽然在高级共享设置中启动了"关闭密码共享"功能，但是再次打开时又回到了"启用密码共享"状态，这就直接导致局域网中其他用户访问共享资源时被要求输入密码。

通常情况下，出现此类故障是因为系统内置的Guest账户被设置了密码，此时只需要取消Guest账户的密码保护状态即可。

01 展开目录	02 准备更改Guset账户密码
打开"计算机管理"对话框，展开"计算机管理（本地）/系统工具/本地用户和组/用户"目录。	❶在右侧列表的"Guest"选项上右击，❷在弹出的快捷菜单中选择"设置密码"命令。

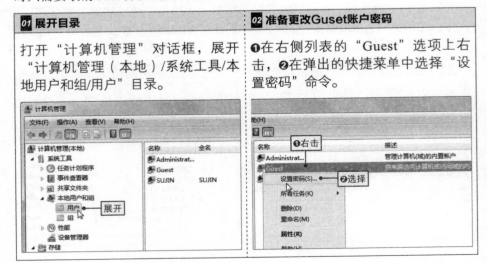

03 继续为来宾账户设置密码

打开"为Guest设置密码"提示对话框,单击"继续"按钮。

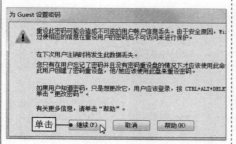

04 清除Guest账户的密码

在打开的对话框中不输入任何内容,❶单击"确定"按钮,❷在打开的提示对话框中单击"确定"按钮即可。

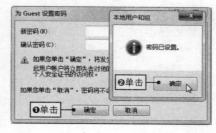

10.1.4 无法共享磁盘的某个分区

用户在共享文件时,有时可能需要共享整个磁盘分区,但是在磁盘分区上右击,却发现菜单栏中没有共享选项,同时在工具栏中也没有找到该选项,此时可以通过分区的属性对话框来实现共享操作。

01 打开分区的属性对话框

打开资源管理器,❶选择需要共享的磁盘分区,❷在工具栏上单击"属性"按钮。

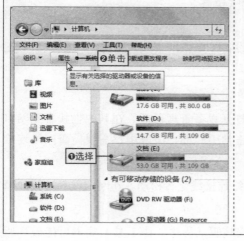

02 打开"高级共享"对话框

❶在打开的属性对话框中单击"共享"选项卡,❷在"高级共享"栏中单击"高级共享"按钮。

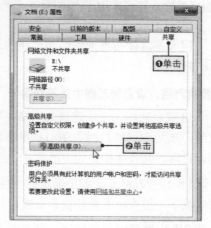

03 设置共享资源名	04 设置共享用户的权限
打开"高级共享"对话框，❶选中"共享此文件夹"复选框，❷输入共享名，❸单击"权限"按钮。	❶在打开的对话框中选择"Everyone"选项，❷设置用户的权限，❸依次单击"确定"按钮关闭所有对话框即可。

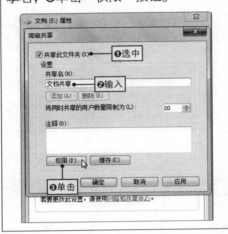

10.2 网络设置故障

多数情况下，网络故障都与网络设置有关，如在设备管理器中找不到网卡设备、连接路由器无法上网以及新电脑无法连接路由器等，下面就来了解一些常见的网络设置故障。

10.2.1 在设备管理器中找不到网卡设备

网卡是直接与外部网络相连接的设备，如果网卡出现故障，电脑就不能正常访问网络。

1.没有网络，设备管理器中找不到网卡

电脑启动后，无法连接上网络。打开设备管理器后，在其中也找不到网卡设备。该故障可能是网卡驱动程序不正常引起的，所以用户需要检查网络连接是否正常，其具体操作如下所示。

● **第1步：** 查看网卡是否正确安装，网络连接线是否松动。在网卡没有连接故障的情况下，检查网卡驱动是否安装。

● **第2步：** 找到网卡的驱动，并重新安装驱动程序。由于某些病毒可能破坏驱

动程序，所以还需要对电脑进行彻底的木马病毒清理。

● **第3步：**如果不能安装驱动程序或找不到网卡，可能是因为网卡损坏。此时可测试网卡是否存在故障，如果存在故障，则更换网卡后再进行网络测试。

● **第4步：**更换网卡后网络依然无法连接，可能是某些恶意程序破坏了系统中的关键文件，需要考虑重装系统。

2.偶尔能够联网，使用一段时间后就断网

电脑启动后，能够连接上网络，但在使用过程中经常断网，断网后在设备管理器中找不到网卡设备。该故障可能是网卡存在问题引起的，也可能是驱动不正确或者病毒破坏，还可能是其他硬件设备出现故障，其具体处理方法如图10-5所示。

第1步

查看网卡的各个接口是否松动，网线的连接是否正常。重新安装驱动程序，然后对电脑进行彻底的木马病毒清理，防止网卡的驱动程序遭到恶意程序的破坏。

第2步

查看电脑是否安装了控制网络的程序或者插件（如果在局域网中，还需要查看其他电脑有没有进行网络控制）。

第3步

更换网卡或者在其他电脑上测试该网卡。如果可以正常运行，则说明网卡没有问题，此时就需要检查主板温度是否有异常。

第4步

如果主板温度过高，则可能引起网卡等硬件设备工作不正常（特别是集成了网卡的主板），就需要排除主板方面的故障。

第5步

如果主板没有问题，则可能是某些恶意程序导致注册表损坏，系统关键文件丢失，重新安装操作系统即可排除该故障。

图10-5

10.2.2　无线网络故障排除

目前，使用无线网络上网已经成为比较常见的网络连接方式，只要台式电脑具有无线网卡就能使用无线网络连网（通常笔记本电脑自带无线网卡）。

1.信号过弱，无法正常上网

电脑使用了无线网络，但无线网络的信号比较弱，连接不到网络或经常掉线，无法正常上网。

出现该故障的主要原因是无线网络设备发出的信号过弱引起的，同时也有可能是传输距离的限制，其具体处理方法如表10-1所示。

表 10-1　信号过弱，电脑无法正常上网的处理办法

具体步骤	详情
第1步	如果无线设备或接入点与电脑的距离较远，可以将电脑尽量靠近无线设备或接入点，以增加无线网络的信号强度
第2步	如果无线设备或接入点与电脑的距离很近，信号依旧很弱，则可能是其他的无线设备造成的干扰，如无线电话，需要远离这类无线信号
第3步	如果没有其他无线信号的干扰，则可能是无线设备（如无线路由器、无线AP等）的设置有问题，重启无线设备并查看相关设置
第4步	如果不是无线设备的设置引起的故障，则可能是无线设备自身的质量差引起传输信号弱，可更换无线设备或无线网卡（无线网卡接受信号的能力不强）

2.信号强度大，但无法接入无线网络

无线网络的信号非常强，但是通过正确的设置后，电脑依然无法连接到无线网络。由此判断，无线网络环境没有问题，可能是电脑的设置或者无线设备拒绝访问引起的故障，其具体处理方法如图10-6所示。

1 获取访问无线网络的正确密钥，然后重新连接无线网络。如果依然不能正常访问无线网络，就尝试使用该电脑访问其他的无线网络进行测试。

2 如果该电脑能够访问其他的无线网络，则说明无线设备出现了故障，可能是无线设备设置了MAC地址过滤。

3 将本地电脑的MAC地址添加到无线设备的MAC地址列表中，或者将无线设置的MAC地址过滤取消。

4 如果本地电脑也不能访问其他的无线网络，则可能是本地电脑存在问题，需要检查本地电脑的无线设置、无线网卡驱动以及无线网络访问设置。

图10-6

3.不能登录路由器的设置页面

配置无线路由器时，无法通过浏览器访问该路由器的登录页面，也就无法进行无线网络的配置。出现这种故障的主要原因可能是登录密钥错误、连接不正常或者浏览器出现故障引起的，其具体处理方法如下所示。

● **第1步：** 查看路由器的LAN口上的指示灯是否常亮，用ping命令检测路由器是否与电脑连通，然后关闭电脑中的防火墙和实时监控程序。

● **第2步：** 在路由器说明书上获取登录该路由器设置页面的正确密钥，并将电脑的IP地址设为与路由器在同一网段，将网关设为路由器的默认IP地址。

● **第3步：** 在浏览器地址栏中输入访问该路由器的IP地址（如192.168.1.1），并输入账户和密码，测试是否能正常访问。

● **第4步：** 如果使用过拨号连接，❶单击浏览器"工具"按钮，❷在弹出的下拉菜单中选择"Internet选项"命令，❸在打开的对话框中的"连接"选项卡中选中"从不进行拨号连接"单选按钮，如图10-7所示。

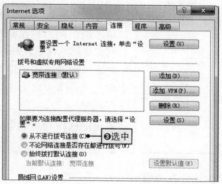

图10-7

10.2.3 **网络连接不正常**

在使用电脑上网的过程中，常常会遇到网络不能正常连接的情况，可能是网络无法连接、IP地址冲突等情况，其具体处理方法如下。

1.网络线缆被拔出

电脑上网时，无法正常连接到网络。在打开"控制面板\网络和 Internet\网络连接"窗口后，可以发现网络线缆被拔出，如图10-8所示。

图10-8

从上图中可以能够看到"本地连接"选项,则说明网卡驱动正常。那么就有可能是网络设备中的线路不通造成的,如设备没有正常安装或线路中断等,其具体排除方法如表10-2所示。

表10-2　网络线缆被拔出故障的处理方法

具体步骤	详情
第1步	在主机背面检查插入网卡中的网线接口是否插好,是否出现松动。然后将网线插到其他的电脑上,检测是否能正常上网
第2步	如果不能上网,则说明网线不通。检查网络连接的线缆是否正常,可以通过测线仪进行测试,查看调制解调器是否损坏
第3步	如果本地电脑处于局域网中,可将该网线接入其他能正常上网的电脑中,查看路由器上该网线对应的指示灯是否常亮,常亮说明网线没有问题
第4步	如果该网线接到其他电脑中能够正常上网,则说明网络正常。此时可能是网卡出现故障,更换网卡后,即可正常上网

2.IP地址有冲突

启动电脑后,任务栏中的网络连接上出现感叹号,系统会自动打开对话框提示电脑IP地址有冲突,如图10-9所示。

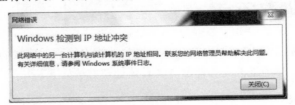

图10-9

电脑出现IP地址冲突,可能是在局域网中有两台电脑所配置的IP地址相同,也可能是路由器的分配出现故障,其故障排除方法如图10-10所示。

第1步

如果电脑处于局域网中，采用的是自动分配IP地址，可重启电脑，让路由器重新分配IP地址。当然，没有处于局域网中的电脑，也可以采用此方法，让上级路由重新分配地址。

第2步

如果处于局域网中的电脑没有采用自动分配IP地址，而是手动配置了唯一的IP地址，则可能是IP地址配置过程中，与其他电脑的IP地址出现重复。

第3步

此时，可以将本地电脑的IP地址设置为自动获取，每次启动电脑，让路由器直接分配没有被占用的IP地址。

第4步

如果不是因为IP地址有冲突造成的故障，而是网络无连接或者网络不稳定，则需要检查网络连接的设备是否正常，或者打电话给网络运营商进行咨询。

图10-10

10.2.4 ADSL拨号异常及解决方法

ADSL拨号连接是通过线路分配的网络信号，与电话共用一根线，是企业和家庭用户常用的联网方式。在连接网络的过程中，可能会遇到长时间连接等待，然后打开提示对话框提示连接时出错，如图10-11所示为常见错误提示。

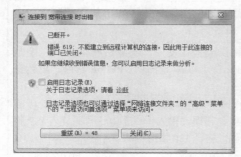
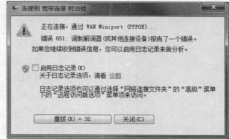

图10-11

如果ADSL拨号连接不成功，就会出现相应的错误提示，每个错误都带有一个错误代码，如表10-3所示为常见错误代码的介绍。

表 10-3 ADSL 拨号中常见的错误代码和解决方法

错误代码	代码含义及解决方法
错误 602	拨号网络由于设备安装错误或正在使用，不能进行连接。可能是 PPPoE 没有完全和正确的安装，卸载干净所有 PPPoE 软件，重新安装 PPPoE 可排除该故障
错误 605	拨号网络不能连接所需的设备端口。也是 PPPoE 的安装存在问题，卸载干净所有 PPPoE 软件，重新安装 PPPoE 可排除该故障
错误 606	拨号网络不能连接所需的设备端口。可能是 PPPoE 没有完全和正确的安装，或者连接线或 Modem 存在故障，卸载干净任何 PPPoE 软件，重新安装 PPPoE 并检查连接线和 Modem
错误 608	拨号网络连接的设备不存在。该故障是 PPPoE 的安装存在问题，卸载干净任何 PPPoE 软件，重新安装 PPPoE 即可
错误 611	拨号网络连接路由器不正确。可能是 PPPoE 没有完全和正确安装或者 ISP 服务器出现故障，应卸载干净所有 PPPoE 软件，重新安装 PPPoE，咨询 ISP 供应商是否出现故障
错误 617	拨号网络连接的设备已经断开。可能是 PPPoE、ISP 服务器、连接线或 Modem 出现故障，应完全卸载并重新安装 PPPoE，检查连接线和 Modem，咨询 ISP 供应商是否出现故障
错误 619	与 ISP 服务器不能建立连接。可能是 ISP 服务器或 ADSL 电话线出现故障，可检查 ADSL 信号灯是否能正常，电话咨询 ISP 供应商是否 ISP 服务器出现故障
错误 630	Modem 没有响应。可能是 ADSL 电话线或 Modem 出现故障（如电源没打开），应检查这些 ADSL 设备
错误 633	拨号网络由于设备安装错误或正在使用，不能进行连接。可能是 PPPoE 没有完全和正确的安装，卸载干净任何 PPPoE 软件，重新安装 PPPoE 可排除该故障
错误 638	过了很长时间，ADSL 拨号无法连接到 ISP 所接入的服务器。可能 PPPoE 所创建的拨号连接中你错误的输入了一个电话号码或者 ISP 服务器出现故障，应检查号码或咨询 ISP 供应商
错误 645	网卡没有正确响应。可能是网卡出现故障，或者网卡驱动程序被破坏，应检查网卡，重新安装网卡驱动程序
错误 650	远程计算机没有响应，断开连接。可能是 ISP 服务器或网卡出现故障以及非正常关机造成网络协议出错，应检查 ADSL 信号灯是否正常，检查网卡，删除所有网络组件重新安装网络

续表

错误代码	代码含义及解决方法
错误 651	Modem 报告发生错误。Windows 处于安全模式下，或网络连接不正确，应检查拨号环境，组建网络的各个设备，检查网络是否通过 Modem，中间是否连入了其他设备
错误 691	输入的用户名和密码不对，无法建立连。可能输入用户名和密码错误或者 ISP 服务器出现故障，应检查用户名和密码并且使用正确的 ISP 账号格式
错误 720	拨号网络无法协调网络中服务器的协议设置。可能是 ISP 服务器出现故障或者非正常关机造成网络协议出错，删除所有网络组件重新安装网络
错误 734	PP 连接控制协议中止。可能是 ISP 服务器出现故障或者非正常关机造成网络协议出错，删除所有网络组件重新安装网络
错误 738	服务器不能分配 IP 地址。可能是 ISP 服务器出现故障或 ADSL 用户太多超过 ISP 所能提供的 IP 地址，出现该故障只能咨询 ISP 供应商
错误 797	没有找到 Modem 连接设备。可能是 Modem 电源没有打开、网卡或连接线出现故障，也可能没有安装相应的协议，应检查电源和连接线是否正常，网卡、Modem 等是否出现故障

TIPS ADSL断流现象

在使用网络的过程中，可能会遇到ADSL断流现象。其中，线路不稳定、网卡设置不当或者性能差、病毒攻击、防火墙和Modem设置不当以及其他软件冲突等因素都有可能引起ADSL断流现象。

10.3 IE浏览器故障

IE浏览器是系统自带的浏览器，如果用户对浏览器没有特别要求或喜好，通常都是直接使用IE浏览器。在使用浏览器的过程中，如果IE浏览器出现了故障，则常常会让用户头疼不已，所以掌握IE浏览器的故障处理方法很有必要。

10.3.1 网页中无法显示图片

使用浏览器浏览网页时，可能会遇到Flash图片、导航按钮和动态验证码无法显示的情况，如果想让图片资源正常显示，可以按照以下方法来操作。

01 打开"Internet选项"对话框

启动IE浏览器，❶在页面右上角单击
"工具"按钮，❷在弹出的下拉菜单
中择"Internet选项"命令。

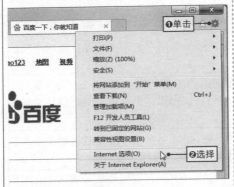

02 设置浏览器显示图片

❶在打开的对话框中单击"高级"选
项卡，❷选中"显示图片"复选框，
然后单击"确定"按钮。

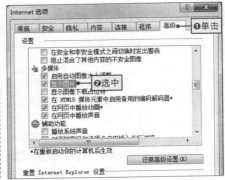

03 进入Adobe官网中

进入Adobe官方网站中（http://www.
adobe.com/cn/），❶单击"支持与下
载"菜单项，❷单击"下载和安装"
超链接。

04 进入下载列表

打开Adobe文件下载页面，在"下
载"栏中单击"Adobe Flash Player"超
链接。

05 下载Adobe Flash Player

在打开的文件下载页面中单击"立即
下载"按钮即可对Adobe Flash Player进
行下载。

06 下载并安装Adobe Flash Player	07 完成Adobe Flash Player的安装
运行安装程序，❶选中同意协议的复选框，❷单击"下载并安装"按钮。	安装完成后，根据提示重启浏览器，单击"完成"按钮即可。

10.3.2　IE浏览器窗口无法最大化

在使用浏览器浏览网页时，为了方便操作与查看到更多的网页信息，用户都希望浏览器可以自动显示最大化窗口，而不是每次打开浏览器后都要单击"最大化"按钮，其具体设置如下所示。

01 打开"注册表编辑器"对话框	02 删除注册表中的键值项
打开"运行"对话框，❶在"打开"文本框中输入"regedit"命令，❷单击"确定"按钮，打开"注册表编辑器"窗口。	❶展开"HKEY_CURRENT_USER\Software\Microsoft\Internet Explorer\Main"目录，❷在"Window_Placement"键上右击，❸选择"删除"命令即可完成操作。

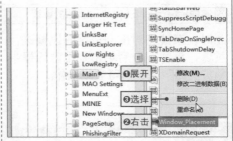

10.3.3　在网页中无法打开二级链接

在使用浏览器浏览网页时，可以直接打开新的网页，也可以打开收藏夹中的网页，但是不能打开网页中的二级链接。此时，可以判断该故障是与IE浏览器有关的文件丢失引起的，其具体处理方法如下所示。

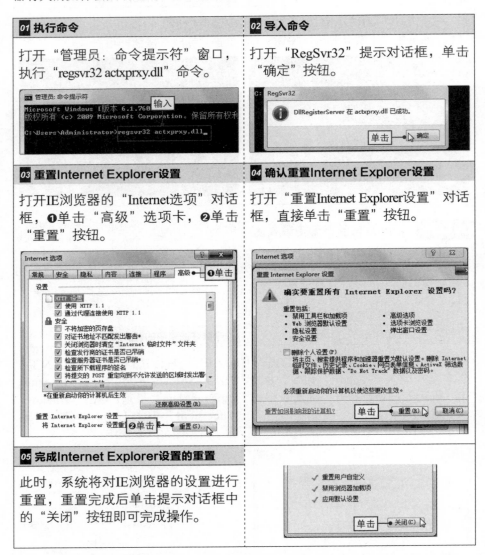

01 执行命令

打开"管理员：命令提示符"窗口，执行"regsvr32 actxprxy.dll"命令。

02 导入命令

打开"RegSvr32"提示对话框，单击"确定"按钮。

03 重置Internet Explorer设置

打开IE浏览器的"Internet选项"对话框，❶单击"高级"选项卡，❷单击"重置"按钮。

04 确认重置Internet Explorer设置

打开"重置Internet Explorer设置"对话框，直接单击"重置"按钮。

05 完成Internet Explorer设置的重置

此时，系统将对IE浏览器的设置进行重置，重置完成后单击提示对话框中的"关闭"按钮即可完成操作。

10.3.4 IE发生错误，窗口被关闭

在使用IE浏览浏览器浏览网页时，可能会遇到一些错误提示。当用户进行相关操作后，会刷新IE浏览器中的所有网页或者强制关闭所有IE窗口。这种故障产生的原因有很多，如内存资源占用过多、IE安全级别设置与浏览的网站不匹配以及与其他软件发生冲突等，下面就来看一些常见的原因与处理办法。

1.浏览器缓存不足

如果在浏览网络时，浏览器出现类似"浏览器缓存不足"的错误提示时，可以通过以下操作来解决问题。

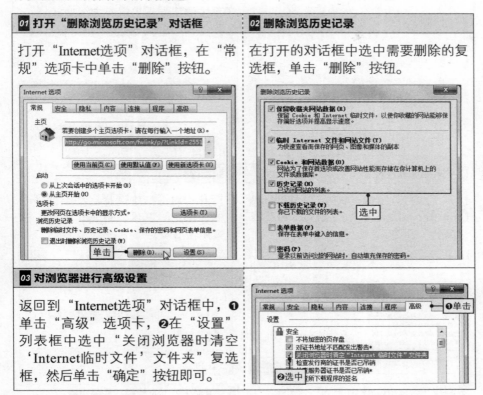

01 打开"删除浏览历史记录"对话框

打开"Internet选项"对话框，在"常规"选项卡中单击"删除"按钮。

02 删除浏览历史记录

在打开的对话框中选中需要删除的复选框，单击"删除"按钮。

03 对浏览器进行高级设置

返回到"Internet选项"对话框中，❶单击"高级"选项卡，❷在"设置"列表框中选中"关闭浏览器时清空'Internet临时文件'文件夹"复选框，然后单击"确定"按钮即可。

2.经常打开错误报告提示

在使用IE浏览器浏览网页的过程中，如果经常打开错误报告提示的对话框，则可以将"Windows错误报告"提示关闭。

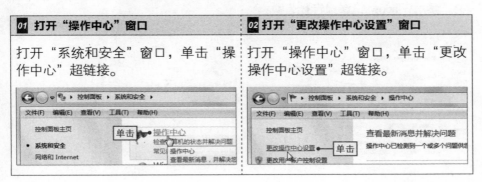

01 打开"操作中心"窗口

打开"系统和安全"窗口，单击"操作中心"超链接。

02 打开"更改操作中心设置"窗口

打开"操作中心"窗口，单击"更改操作中心设置"超链接。

03 打开"问题报告设置"窗口

在打开的"更改操作中心设置"窗口中单击"问题报告设置"超链接。

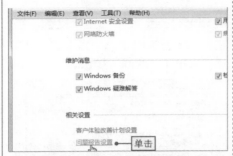

04 设置从不检查解决方案

在打开窗口中选中"从不检查解决方案"单选按钮,单击"确定"按钮关闭系统的错误报告解决方案功能。

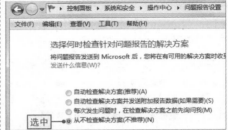

05 打开服务属性对话框

打开"服务"窗口,❶右击"Windows Error Reporting Service"选项,❷选择"属性"命令。

06 禁用服务

在打开的对话框中选择启动类型列表中的"禁止"选项,单击"确定"按钮禁用该服务。

07 打开"Windows错误报告"对话框

在"本地组策略编辑器"窗口中,展开"用户配置\管理模版\Windows组件\Windows错误报告"目录,双击右侧的"禁用Windows错误报告"选项。

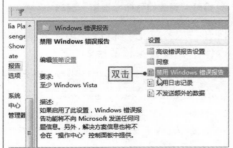

08 停止Windows错误报告的功能

在打开的对话框中选中"已启用"单选按钮,单击"确定"按钮后,可停止Windows错误报告的功能。

快速解决操作系统与软件故障

学习目标

电脑在使用的过程中，操作系统与软件都在发生变化，为了确保这些变化能够适应电脑的运行，使电脑能够长久稳定的运行，用户需要对操作系统与软件进行相关的优化操作。

知识要点

- 系统安装过程中死机、黑屏
- 电脑关机后自动重启
- Aero特效无法启用
- 电脑启动后，自动打开广告网页
- Word启动变慢

……

11.1 操作系统故障

操作系统在安装与使用时，总会出现这样或那样的故障，面对这些故障，部分用户往往都比较慌张，认为电脑出现了很大的问题或者需要重装系统。其实，很多操作系统的故障都是可以直接修复的，不过用户需要对造成系统故障的原因了解清楚，然后才能对其进行修复操作。

11.1.1 系统安装过程中死机、黑屏

使用原版系统安装光盘安装操作系统的过程中，可能出现经常死机，无法正常安装的情况。该故障引起的原因有很多，如电脑散热不好、内存不稳定或兼容性不好等。此时，可以通过如图11-1所示的方法来排斥故障。

CPU散热不好

关闭电源，打开主机机箱，查看CPU风扇运转是否正常，用手触摸确定CPU散热器温度是否过高。另外，还可以使用电风扇为主机箱强制降温，然后重新安装系统。

硬件安装有误

硬件安装有误通常是指CPU风扇接错位置，不正确的连接方式可能导致BIOS无法控制CPU风扇的转速来帮助CPU散热，所以需要确定CPU风扇的电源是否连接在专用插座上。

内存问题

内存不稳定或者兼容性不好也会影响到操作系统的安装，此时可以更换另一条内存或更换一个内存插槽再进行测试。

无法正确识别硬件

在安装操作系统的过程中，系统会检测当前已连接的所有硬件，若有不能识别的硬件，电脑可能就会出现死机现象。此时，可以将不必要的硬件全部卸载，只保留主板、CPU、内存和显卡几种部件（最小系统），然后接上电源重新进行安装。

图11-1

11.1.2 开机后显示器无信号输出

启动电脑时，按下电源按钮开机后，电脑主机运行看似正常，但显示器上却没有任何信号输出，该故障可能是显示器连接、显示器硬件等问题引起的，可通过如下方法进行排除。

● **检查显示器供电：**首先检查显示器供电是否正常，简单的方法就是按下显示

器的电源按钮，查看指示灯是否发生变化，如图11-2所示。

图11-2

● **检查显示器数据线连接：** 在确认供电正常且显示器打开后，直接拔下显示器与主机相连的数据线，然后重新插上，如图11-3所示。此时，查看显示器是否有变化，其中包括电源指示灯颜色的变化。如果有变化，则说明连接正常。

图11-3

● **检查键盘上的数字锁定指定灯：** 线路连接检查完成后，如果电脑主机的指示灯正常亮或闪烁，可反复按键盘上的【Num Lock】键，查看数字锁定指定灯是否正常开关，如图11-4所示。如果指示灯可以正常开关，则说明电脑主机运行正常，故障就出现在显示器上，可以更换数据线或显示器进行测试。

图11-4

TIPS 开机不加电故障处理

启动电脑时，按下电源开关电脑无反应，而电脑外部线路连接都正确，该故障多数是由于主机供电线路、主机电源或电源开关问题所致，可逐一对其进行排除，如图11-5所示。

检查主板的电源连接线

在确定主机外部线路供电正常后，打开主机机箱，检查机箱内部电源输出的主要插头是否正确连接到主板上。

检查电源按钮的连接线

确认电源线连接正确后，检查机箱前面板的电源控制线是否已经正确连接到主板上的"Power SW"针脚上。

图11-5

11.1.3 任务管理器被禁用

在安装操作系统时，会自动安装任务管理器。任务管理器为用户提供了有关电脑性能的相关信息，显示并管理着电脑上所有正在运行的程序和进程的详细信息，如网络、程序、内存以及处理器等。

在桌面空白处右击，在弹出的的快捷菜单中无法选择"启动任务管理器"选项，如图11-6所示。另外，按【Ctrl+Alt+Del】组合键后，在打开的界面中也没有"启动任务管理器"选项，如图11-7所示。

图11-6

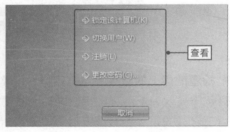

图11-7

出现以上故障的主要原因可能是电脑系统受到病毒攻击、某些优化软件的设置或者用户的不正确操作，下面就来看看具体的处理方法。

01 打开本地组策略编辑器

打开"运行"对话框，在"打开"文本框中输入"gpedit.msc"命令，然后单击"确定"按钮。

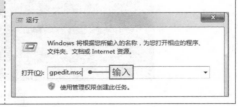

02 展开目录

打开"本地组策略编辑器"窗口，展开"用户配置\管理模版\系统\Ctrl+Alt+Del选项"目录。

03 打开"删除'任务管理器'"窗口

❶在右侧"设置"窗格中的"删除'任务管理器'"选项上右击，❷选择"编辑"命令。

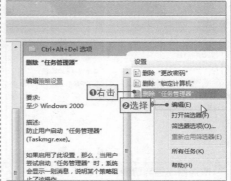

04 启用任务管理器

打开"删除'任务管理器'"窗口，选中"已禁用"或"未配置"单选按钮，如这里选中"已禁用"单选按钮，然后单击"确定"按钮即可正常使用任务管理器。

TIPS 开机不加电故障处理

在注册表编辑器中，展开"HKEY_CURRENT_USER\Software\Microsoft\Windows\CurrentVersion\Policies\System"目录，在右侧窗格中查找"DisableTaskMgr"键，如果存在该键，则将其键值改为"0"（键值为"1"，说明任务管理器被禁用）或者直接将其删除。

11.1.4 电脑关机后自动重启

用户通过"关机"命令正确进行关机操作后，电脑却自动重启了，这时就只能长按电源键强制关闭电脑，但这会给电脑带来较大的伤害。该故障多出现在系统运行时出错，或更改过系统设置后，此时可以通过以下操作来解决。

01 打开"系统属性"对话框	02 打开"启动和故障恢复"对话框
打开"系统"窗口，单击"高级系统设置"超链接。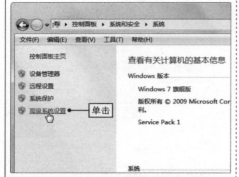	打开"系统属性"对话框，在"高级"选项卡中单击"设置"按钮。

03 取消自动重启功能	
打开"启动和故障恢复"对话框，在"系统失败"栏中取消选中"自动重新启动"复选框，然后单击"确定"按钮即可完成操作。	

SKILL 电脑自动重启的其他原因

其实，电脑关机后自动重启的故障，除了上述介绍的原因外，还有可能是网络唤醒造成的，其具体处理方法如下：

打开"本地连接 属性"对话框，❶单击"配置"按钮，❷在打开的对话框中单击"高级"选项卡，❸将"关机网络唤醒"选项的值设置为"关闭"即可，如图11-8所示。

 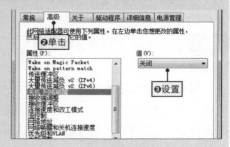

图11-8

11.1.5　Aero特效无法启用

Aero特效是Windows 7操作系统的一大特色，透明的玻璃特效让用户获得较好的使用体验。不过，有时候系统在使用过程中却无法启用该特效，重新安装显卡驱动后仍然无效，而使用自动修复功能却被提示"已禁用桌面窗口管理器"。此时，用户可以通过以下方法解决此故障。

01 打开"服务"窗口	**02 选择服务**
打开"运行"对话框，❶在"打开"文本框中输入"services.msc"命令，❷单击"确定"按钮。	打开"服务"窗口，在右侧窗格中双击"Desktop Window Manager Session Manager"选项。
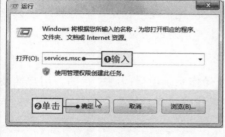	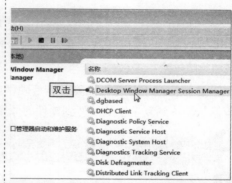
03 启动服务	**04 打开"系统配置"对话框**
❶在打开的对话框中设置启动类型为"自动"，❷单击"启动"按钮，然后单击"确定"按钮。	再次打开"运行"对话框，❶在"打开"文本框中输入"msconfig"命令，❷单击"确定"按钮。

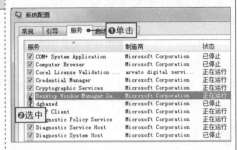

05 检查服务的启动状态

❶在打开的"系统配置"对话框中单击"服务"选项卡，❷选中"Desktop Window Manager Session Manager"复选框，单击"确定"按钮并重新启动电脑即可完成操作。

11.1.6 系统使用过程中死机、黑屏

　　电脑在使用一段时间后，操作系统会变得越来越不稳定，运行程序也会变得非常缓慢，甚至是经常出错，而死机和蓝屏则是最常见的系统故障。

死机故障排除

　　通常情况下，死机故障可能是硬件或操作系统出现问题引起的，用户需要遵循从简单到复杂，从硬件到软件的原则来排除该类故障，如图11-9所示。

1 如果电脑的开机过程中就出现死机情况，则可能是硬件不兼容、BIOS设置不当等硬件方面的原因引起，此时可以通过替换法检查硬件来解决。

2 如果刚刚启动操作系统就出现死机情况，则可能是系统关键文件丢失或损坏（木马病毒造成）、初始化文件失败以及硬盘有坏道引起。

3 电脑启动后，提示系统关键文件找不到，但并没有立即死机，则可以通过在其他正常电脑上复制该文件到出现故障的电脑中，然后重启电脑即可。

4 电脑进入系统后，就直接死机，则可能是硬盘坏道导致文件无法读取引起的，此时可以使用启动盘启动电脑，检查并修复硬盘坏道。

5 在安全模式下运行电脑后，系统自动修复并进行杀毒，重新启动电脑后检查是否正常。另外，在命令提示符窗口执行"sfc /scannow"命令，可检查损坏的文件。

图11-9

蓝屏故障排除

　　引起电脑蓝屏故障的原因有很多，有硬件冲突、硬件损坏以及硬件不兼容等硬件方面的原因，还有注册表错误、虚拟内存不足以及动态链接库文件丢失等程序方面的原因，常见的蓝屏故障及解决方法如图11-10所示。

CPU、内存等超频后导致蓝屏

如果用户在BIOS设置程序中设置了CPU、内存等的超频后，重启电脑出现蓝屏，则可以将BIOS设置恢复到默认设置来解决。

虚拟内存不足导致蓝屏

当系统运行过程中出现虚拟内存不足时，也有可能出现蓝屏故障。此时，可以重新调整虚拟内存的大小，以排除该故障。

硬件冲突造成的蓝屏

在"设备管理器"窗口中，查看是否有硬件设备出现了冲突。如果有，则将其删除，然后重启电脑进行检测，也可手动调整或升级驱动程序。

读取光盘时蓝屏

系统正在读取光盘时，按下光驱开仓键导致的蓝屏，可以将光盘取出，然后重新读取或者在蓝屏界面按【ESC】键进行测试。

图11-10

TIPS 更改虚拟内存解决问题

默认情况下，Windows 7操作系统会自动管理所有驱动器的分页文件大小，即自动配置虚拟内存，一般与物理内存一样大。用户可能会为了节省磁盘空间而手动设置虚拟内存，在运行某些程序时因虚拟内存不足而导致蓝屏。此时，用户可以在虚拟内存对话框中选中"自动管理所有驱动器的分页文件大小"复选框，或者手动配置更大的虚拟内存。

11.1.7 电脑启动后，自动打开广告网页

启动电脑后，系统自动会打开广告网页，这是恶意网站或恶意程序通过修改电脑开机启动项和注册表导致的，此时可以检查开机启动项和注册表。

01 打开"系统配置"对话框	**02 取消未知启动项**
打开"运行"对话框，❶在"打开"文本框中输入"msconfig"命令，❷单击"确定"按钮。	打开"系统配置"对话框，❶单击"启动"选项卡，❷取消选中未知启动项，然后单击"确定"按钮。
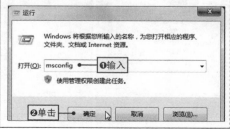	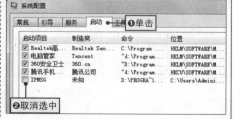

03 展开目录	04 注册表清理
打开注册表编辑器，展开"HKEY_LOCAL_MACHINE\SOFTWARE\Microsoft\Windows NT\CurrentVersion\Winlogon"目录。	❶在右侧窗格的"LegalNoticeCaption"键上右击，❷在弹出的快捷菜单中选择"删除"命令，然后以相同方法删除"LegalNoticeTex"。

11.1.8 注册表被禁用

在"运行"对话框中输入"regedit"命令，单击"确定"按钮后，系统提示注册表被管理员禁用。该故障可能是恶意程序或者木马病毒更改了注册表，并利于自己的恶意注册文件执行引起的，从而禁止用户访问注册表。此时，可以通过以下方法来解决。

01 打开"本地组策略编辑器"窗口	02 展开目录
打开"运行"对话框，❶在"打开"文本框中输入"gpedit.msc"命令，❷单击"确定"按钮。	打开"本地组策略编辑器"窗口，展开"本地计算机 策略\用户配置\管理模板\系统"目录。

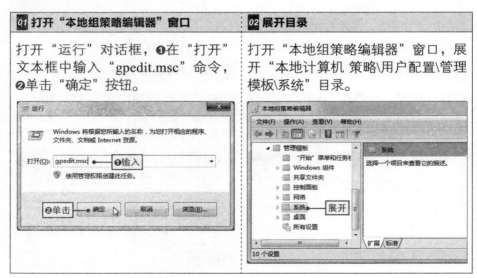

03 打开"阻止访问注册表编辑工具"窗口	04 禁用选项
❶在右侧窗格的"阻止访问注册表编辑工具"选项上右击，❷选择"编辑"命令。	打开"阻止访问注册表编辑工具"窗口，选中"未配置"或"已禁用"单选按钮，单击"确定"按钮。

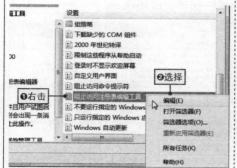

11.2 软件程序故障

用户在使用电脑时，为了让其实现特定的功能，需要安装相应的软件，如编排文档的Word软件、查杀病毒需要的杀毒软件以及调整文件大小的压缩软件等，但是这些软件在安装与使用过程中也会出现一些故障。

11.2.1 Word启动变慢

Word在刚刚安装好时，启动速度非常快，但是在使用了一段时间后，启动速度就明显变慢了。产生该故障的原因是Word更新或安装了过多功能模块能，它们会随着Word启动而加载，从而影响Word的启动速度，其具体处理方法如下。

01 打开"Word选项"对话框	
启动Word 2016应用程序，在主界面中单击"文件"选项卡。进入Backstage视图中，在左侧列表中单击"选项"按钮。	

02 打开"COM加载项"对话框	**03 禁用不需要的加载项**
打开"Word选项"窗口，❶单击"加载项"选项卡，❷在"管理"下拉列表中选择"COM加载项"选项，❸单击"转到"按钮。	打开"COM加载项"对话框，在"可用加载项"列表框中取消选中不需要加载的选项，然后依次单击"确定"按钮即可完成操作。
	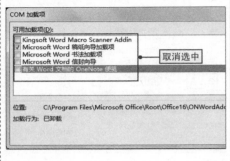

11.2.2 Excel无法显示"0"值

　　在使用Excel表格编辑和管理数据时，在空白工作表中输入"0"值后无法显示。该故障的主要原因是Excel软件的设置问题，此时可以在"Excel选项"对话框中进行相关设置，其具体操作如下。

01 打开"Excel选项"窗口	**02 设置具有零值的单元格中显示零**
启动Excel 2016应用程序，在主界面中单击"文件"选项卡。进入Backstage视图中，在右侧列表中单击"选项"按钮。	打开"Excel选项"窗口，❶单击"高级"选项卡，❷选中"在具有零值的单元格中显示零"复选框，然后单击"确定"按钮即可完成操作。
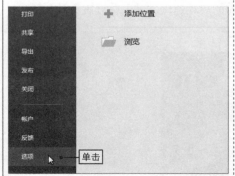	

11.2.3　杀毒软件冲突

由于现在网络威胁较多，所以操作系统安装完成后，都会立马安装杀毒软件。在新安装一款杀毒软件后，程序会要求重新启动系统，但重启进入系统后就出现死机现象。该故障通常是由于杀毒软件冲突引起的，此时可以进入安全模式，卸载冲突软件中的一个即可。

01 进入安全模式	02 打开"程序和功能"窗口
在开机自检完成后不断按【F8】键，在打开的"高级启动选项"界面中选择"安全模式"选项，按【Enter】键进入操作界面。	进入安全模式操作界面后，通过"开始"菜单打开"所有控制面板项"窗口，单击"程序和功能"超链接。

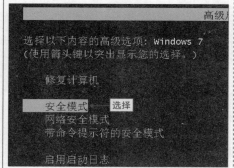

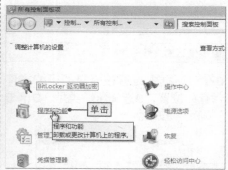

03 卸载多余的杀毒软件	
打开"程序和功能"窗口，❶在中间的列表框中选择要卸载的杀毒软件，❷单击"卸载/更改"按钮启动软件自带的卸载程序，然后根据提示完成卸载后重启电脑即可。	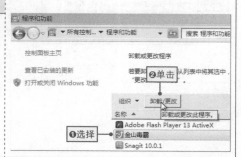

11.2.4　修复损坏的压缩文件

WinRAR压缩工具除了可以对文件进行压缩与解压外，还具有修复损坏文件的功能，能对损坏不特别严重的压缩文件进行简单的修复，使某些故障提示不再出现，其具体操作如下。

01 打开损坏的压缩包效果

打开某些压缩文件时，经常会出现压缩包损坏的诊断信息，此时无法正常的解压压缩包，单击"关闭"按钮关闭诊断提示对话框。

02 修复压缩文件

返回到WinRAR界面中，❶在菜单栏中单击"工具"菜单项，❷在弹出的下拉菜单中选择"修复压缩文件"命令。

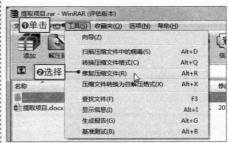

03 设置压缩文件的类型

❶在对话框中设置被修复的压缩文件保存的位置，❷选择压缩类型，❸单击"确定"按钮。

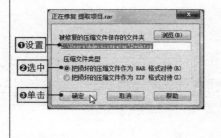

04 完成文件的修复

修复完成后单击"关闭"按钮，会在设置的修复文件保存位置生成一个新的压缩包，该压缩包可以解压。